刺绣线钩织的小小玩偶

日本 E&G　CREATES　编著

盛　莉　译

河南科学技术出版社

· 郑州 ·

目 录

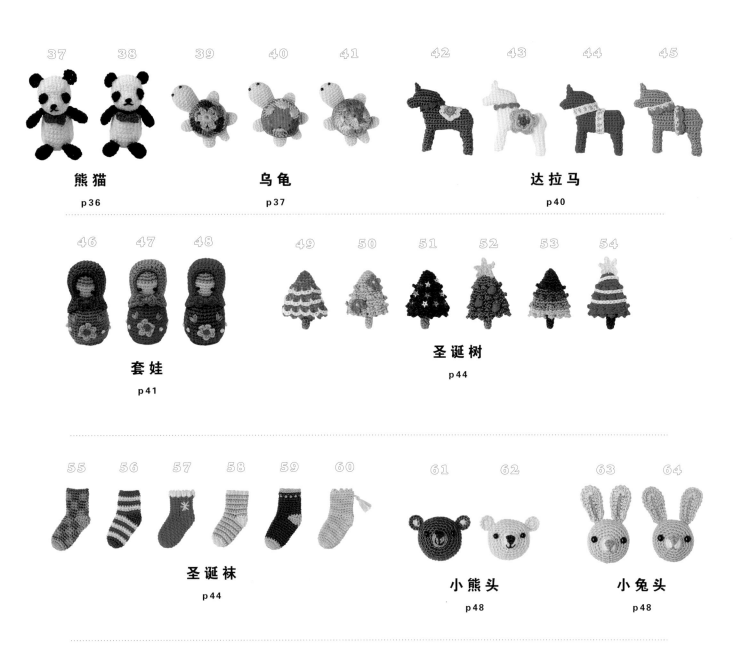

＊在要点详解的图片中，为了更清楚地呈现步骤，有时会特意更换线的粗细和颜色。
＊由于印刷品的特殊性，线的颜色与所示色号可能会存在色差。
＊本书作品全部使用DMC25号刺绣线、彩色渐变线。
有关刺绣线的咨询方式如下：
DMC 株式会社   电话 03-5296-7831
邮编 101-0035   东京都千代田区神田绀屋町13番地山东大厦7楼
网址 http://www.dmc.com（全球通用网址） http://www.dmc-kk.com
（web 目录）
有关编织玩偶眼睛部件（水晶眼睛、猫眼石、固体眼睛）的咨询方式
如下：
HAMANAKA 株式会社   电话 075-463-5151
邮编 616-8585   京都市右京区花园薮下町2番地3
网址 http://www.hamanaka.co.jp
＊本书有关问题请咨询 E&G CREATES。
电话 0422-55-5460   时间 13：00~17：00（周六、周日及节假日除外）
电子信箱 eg@eandgcreates.com
官网 http://eandgcreates.com

要点详解

※ 在要点详解的图片中，为了让读者看得更加直观，有时会特意更换线的粗细和颜色。

刺绣线的处理方法

1 拉出线头。捏住左侧的线圈慢慢拉，可以很顺畅地拉出来，不会打结。

2 刺绣线一般都是由6股线合股而成，书中所示作品如没有特别说明，全部都是用这种6股粗的线编织而成。

3 标签上标明了色号。也许将同一色配足时会用到，所以用线时可以不用拆标签。

分线

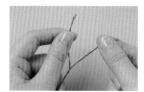

是指将捻合而成的1根（6股）线分成2根（3股）或3根（2股）线。缝制别针等精细操作时，常需要用更细些的线。先将线剪成30cm左右，再回搓会容易分一些。

以卷针缝缝合的方法

※ 以p20小鸟的织片进行解说。

16　17

18　19　20

1 编织2片主体部分的织片。

2 将线穿入缝衣针，将2片织片重叠。首先从织片内侧入针，将头针2根线挑起。接着从外侧织片缝入内侧织片，同时将2片织片头针的2根线挑起。

3 以相同方法逐次挑针缝合，注意挑针处整齐美观。

4 中途塞入填充棉。为了使其更饱满，尽量多塞入一些。

5 填充棉塞完后，继续缝合至最后。最后一针要缝2次后处理线头。为避免线头松开，可将线头穿入填充棉后再剪断。

6 图为主体部分以卷针缝缝合后的状态。

眼睛部件介绍

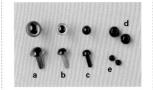

除了钩针玩偶专用眼睛部件（a、b、c）之外，还可以选择不同形状、不同大小的串珠（d、e）等作为自己喜欢的玩偶眼睛。（有关a、b、c眼睛部件，相关的咨询方式请参见p3。）

a　HAMANAKA 猫眼石
b　HAMANAKA 水晶眼睛
c　HAMANAKA 固体眼睛
d　木制串珠
e　珍珠串珠

缝眼睛（串珠）的方法

1 将缝线（或刺绣线的分线）穿过缝衣针针孔后打结。用针挑起织片，拉出线后，将针穿入缝线线圈后拉紧。

2 将针穿过串珠，挑起织片，重复2次固定住眼睛。

3 将针穿入反面眼睛的位置，以相同方法固定另一侧眼睛。

乌龟龟壳配色线的替换方法　作品…p37　编织方法…p56

※ 此处以 39 为例进行解说。

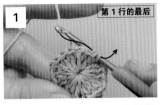

1　第1行的最后

39 与 40 龟壳的编织是与替换配色线同时进行的。在第 1 行最后引拔线时，替换成粉色线进行引拔。

2

引拔完成的状态。

3　第2行

接着用粉色线编织 3 针立起的锁针、2 针长针。在第 2 针长针要完成引拔出线时替换成绿色线进行引拔。此时将粉色线向内侧挂针，用绿色线引拔。

4

引拔完成的状态。

5

继续用绿色线编织，粉色线暂时搁置在后侧。在替换成粉色线前的长针针目要引拔完成时，再换成搁置的粉色线进行引拔。此时要将绿色线向内侧挂针，再用粉色线引拔。

6

引拔完成的状态。粉色线在绿色线部分后侧渡线完成的状态（参见步骤 8 右下图片）。以相同方法换线编织一圈。

7

因为第 3 行也需要换线编织，所以在第 2 行最后进行引拔时，要换成浅绿色线引拔。

8

引拔后第 2 行编织完成的状态。搁置的线渡线完成后的状态（右下图）。

（反面）

圣诞树冠的编织方法　作品…p44　编织方法…p58

49　50　51　52　53　54

1　第2针　第7行

编织 1 针立起的锁针，按照箭头所示方向从后侧在前一行的饰边内入针，接着分开短针的针脚 2 次入针。

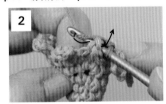

2

在针上挂线，按照箭头所示方向引出线。

3

再次在针上挂线，从钩针上 2 个线圈中引拔出线。图为织完 1 针短针的状态（右图）。编织第 2 针短针时，按照步骤 1 中箭头所示方向在前一行的短针的头针内入针进行编织。

4

以相同方法编织一圈。图为环形饰边织好的状态。

用作挂饰时的配件

可以选择您喜欢的别针、锁链等金属配件。

安圆环的方法

1

在玩偶上安装金属配件时，先安上圆环会更方便一些。如果不用圆环，也可以用线固定金属配件。圆环可以前后掰开，插入织片的针目内即可。

2

闭合圆环。

3

将喜欢的金属配件穿入圆环即可使用。

腊肠狗的整理方法

作品···p16 编织方法···p18

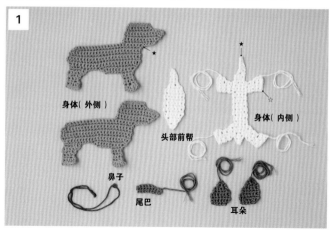

身体（外侧）

头部前帮

身体（内侧）

鼻子

尾巴

耳朵

请参照图片编织各部分。身体（内侧）、耳朵、尾巴、鼻子的线头因为之后缝合要用，所以最好留长一点。

10 11 12

缝合身体（外侧）、身体（内侧）以及头部前帮

以卷针缝缝合各部分

2

首先在身体（外侧）与身体（内侧）的下颚处（步骤1图片中★标记部分）插入缝衣针。从左前脚侧开始缝合。

3 线头

在一端的针目中入针，缝合。开始缝合的线头之后还要用于缝合下颚部分，因此最好留长一些。

4

注意织片要对齐，缝合时注意平衡间距。

5 线圈

缝至脚尖时，最后在同一针目内2次入针做一个线圈，再在线圈内入针拉紧。左下图为拉紧的状态。

6

在步骤1图片中☆标记处入针，渡线。之后还要从脚底塞入填充棉，因此脚底先不缝合。

7

同步骤5，在同一针目内2次入针做一个线圈。在线圈内入针并拉紧。

8

身体（外侧）与身体（内侧）的左半部分缝合的状态。

9

将另一片身体（外侧）与身体（内侧）右半部分以相同方法缝合。图为右半部分缝合完成的状态。

10

用步骤3所预留的线头缝合下颚部分。

11

缝上头部前帮。

塞入填充棉后缝合

12

图为左半部分缝合完成，正在缝合右半部分的状态。

13

缝合背部。

14

中途塞入填充棉。要做出形状饱满漂亮的成品，关键是要多塞入填充棉。

15

为了将填充棉充分塞入至鼻子部分，可以利用缝衣针在内部戳动进行调整。

16 塞入填充棉后完全缝合背部，整理线头。为了避免线松开，可以将线头埋入填充棉后再剪断。

17 从脚底的开口处塞入填充棉。可以用钩针手柄或者其他棒状物帮助塞入。

18 将身体（内侧）所预留的线头穿入缝衣针，将脚底边缘针目的外侧半针挑起，以纡缝方式缝一圈。

19 拉紧线头，稍作整理。所有的脚底都以相同方法缝合即可。

缝上尾巴、耳朵，完成脸部

缝上尾巴　　　　　　　　　　　　　　　　缝上耳朵

20 可以利用缝衣针在脚内戳动进行调整，以使其露出脚尖部分。

21 身体和头缝合好的状态。

1 将p6步骤1图片中完成的尾巴织片对折，以卷针缝缝合，再将尾巴缝在屁股上。

2 在耳朵位置用珠针定位，以保证平衡。

缝上鼻子，嘴巴采用直针绣　　　　　　　　　　　　　安上眼睛（固体眼睛）

3 位置定好后缝上耳朵。

4 用珠针固定好，缝上鼻子（为呈现得更加清楚，鼻子的颜色换成了与p6步骤1图片中不同的颜色）。

5 接下来，嘴巴采用直针绣。

6 在眼睛位置插入珠针定位，以保证平衡。

7 位置定好后，用缝衣针等挑出一个孔并扩大至可以插入固体眼睛底部的大小。

8 在固体眼睛的底部涂上黏合剂。

9 插入固体眼睛。

10 腊肠狗完成。

小熊

编织方法 … p10
设计 … 冈真理子

为您带来换装乐趣的百变小熊。

对小熊妞来说，可爱的装饰领最合适不过啦。

蹦蹦跳跳，轻快的脚步
多欢乐啊！

围巾、马甲、装饰领，
各种时尚饰品，
今天选哪个呢？

小 熊

1 的材料　25 号刺绣线 / 茶色系（3862）… 5.5 束、
（841）… 0.5 束

2 的材料　25 号刺绣线 / 浅驼色系（543）… 5.5 束，本
白色系（3865）… 0.5 束

3 的材料　25 号刺绣线 / 浅驼色系（738）… 5.5 束，茶
色系（3862）… 0.5 束

1、2、3 的通用材料
　　　　　直径 8mm 的纽扣 … 各 4 颗，珍珠串珠（黑
色、直径 3mm）… 各 2 颗，珍珠串珠（黑色、
直径 4mm）… 各 1 颗，填充棉 … 各适量

马甲的材料　25 号刺绣线 / 蓝色系（825）… 1 束

装饰领的材料　25 号刺绣线 / 本白色系（3865）… 1 束

围巾的材料　25 号刺绣线 / 红色系（304）… 1 束

针　　　　钩针 2/0 号

头　各1个

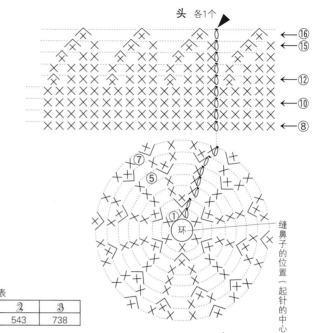

缝鼻子的位置（起针的中心）

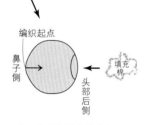

编织起点

※塞入填充棉后，将线头穿入最终行的针目内收紧即可。

1、2、3 的配色表

	1	2	3
头、耳朵、身体、胳膊	3862	543	738

头的针数表

行数	针数	加减针数
16	6	−6
15	12	−6
14	18	−6
13	24	
12	24	−6
8～11	30	
7	30	+6
6	24	+6
5	18	+6
3、4	12	
2	12	+6
1	6	

身体　各1个

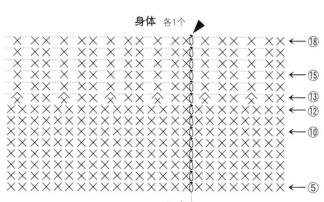

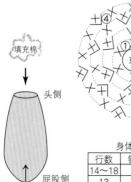

※塞入填充棉。

身体的针数表

行数	针数	加减针数
14～18	18	
13	18	−6
5～12	24	
4	24	+6
3	18	+6
2	12	+6
1	6	

耳朵　各2片

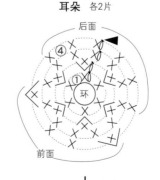

后面

前面

耳朵的针数表

行数	针数	加减针数
4	10	−2
3	12	
2	12	+6
1	6	

对折

前面（4针）

后面（6针）

胳膊 各2条

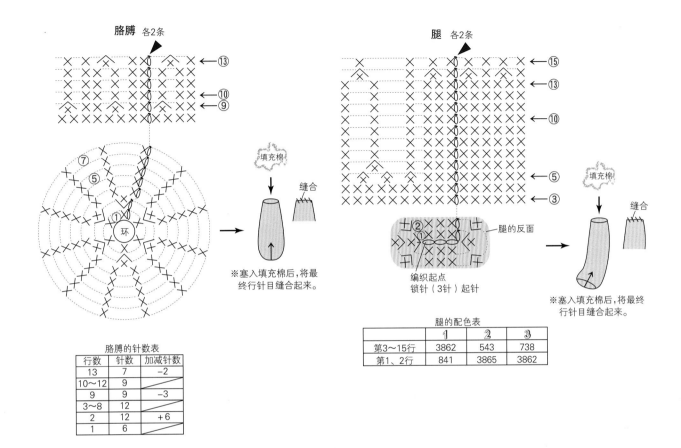

←⑬
←⑩
←⑨

填充棉

缝合

※塞入填充棉后,将最
终行针目缝合起来。

⑦
⑤
①
环

胳膊的针数表

行数	针数	加减针数
13	7	-2
10~12	9	
9	9	-3
3~8	12	
2	12	+6
1	6	

腿 各2条

←⑮
←⑬
←⑩
←⑤
←③

腿的反面

编织起点
锁针(3针)起针

填充棉

缝合

※塞入填充棉后,将最终
行针目缝合起来。

腿的配色表

	1	2	3
第3~15行	3862	543	738
第1、2行	841	3865	3862

※马甲、装饰领、围巾的编织方法参见 p59。

整理方法

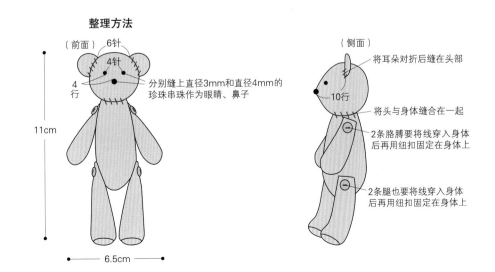

(前面)

6针
4针
4行

分别缝上直径3mm和直径4mm的
珍珠串珠作为眼睛、鼻子

11cm

6.5cm

(侧面)

将耳朵对折后缝在头部

10行

将头与身体缝合在一起

2条胳膊要将线穿入身体
后再用纽扣固定在身体上

2条腿也要将线穿入身体
后再用纽扣固定在身体上

猫头鹰
鹦鹉

编织方法 … p14 (猫头鹰), p15 (鹦鹉)
设计 … 今村曜子

呆萌的猫头鹰有一双水灵灵的大眼睛。
用多姿多彩的线来编织爱说话的乐天派鹦鹉吧。

一只猫头鹰和两只鹦鹉正在说
悄悄话呢!

在化妆包上加一个
蓝色的小鹦鹉吊坠吧。

猫头鹰

4 的材料　25 号刺绣线 / 茶色系（839）… 2 束，驼色系（435）、浅驼色系（739）、橙色系（720）…各 0.5 束；HAMANAKA 水晶眼睛（黄色、直径 6mm/H220-106-3）… 1 对；填充棉…适量

5 的材料　彩色渐变线 / 粉色系段染（4160）… 1.5 束；25 号刺绣线 / 本白色系（3865）… 1.5 束，砂驼色系（642）… 0.5 束；HAMANAKA 水晶眼睛（金色、直径 6mm /H220-106-8）… 1 对；填充棉…适量

6 的材料　25 号刺绣线 / 绿色系（369）… 2 束，驼色系（435）、绿色系（989）、本白色系（3865）… 各 0.5 束；HAMANAKA 水晶眼睛（金色、直径 6mm/H220-106-8）… 1 对；填充棉…适量

针　蕾丝针 0 号

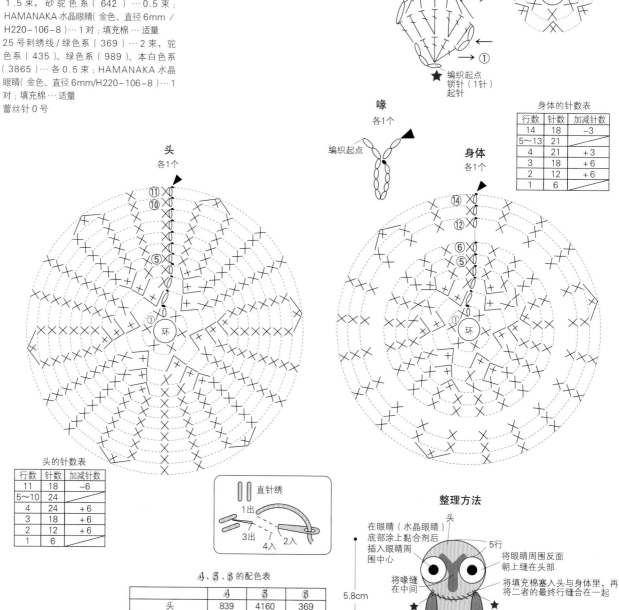

翅膀
各 2 片

眼睛周围
各 2 片

★ 编织起点
锁针（1 针）
起针

喙
各 1 个

编织起点

身体
各 1 个

头
各 1 个

身体的针数表

行数	针数	加减针数
14	18	-3
5~13	21	
4	21	+3
3	18	+6
2	12	+6
1	6	

头的针数表

行数	针数	加减针数
11	18	-6
5~10	24	
4	24	+6
3	18	+6
2	12	+6
1	6	

直针绣

1出
3出
4入　2入

4、5、6 的配色表

	4	5	6
头	839	4160	369
身体	839	3865	369
翅膀	435	4160	989
眼睛周围	739	3865	3865
喙	720	642	435
脚（直针绣）			

整理方法

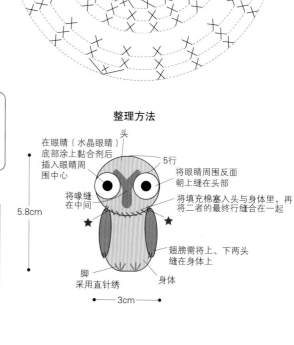

头

在眼睛（水晶眼睛）底部涂上黏合剂后插入眼睛周围中心

5 行

将眼睛周围反面朝上缝在头部

将填充棉塞入头与身体里，再将二者的最终行缝合在一起

将喙缝在中间

翅膀需将上、下两头缝在身体上

脚
采用直针绣

身体

5.8cm

3cm

鹦 鹉

7 的材料　25 号刺绣线 / 绿色系（164）…1.5 束，珊瑚
色系（350）、（352）… 各 0.5 束，绿色系
（562）、粉色系（819）… 各 0.5 束

8 的材料　25 号刺绣线 / 蓝绿色系（3844）、（3846）…
各 1 束，黄色系（743）、本白色系（3865）…
各 0.5 束

9 的材料　25 号刺绣线 / 绿色系（907）…1.5 束，绿
色系（469）、（3819）… 各 0.5 束，橙色系
（722）、黄色系（3078）… 各 0.5 束

7、8、9 的通用材料
木质串珠（茶色、直径 4mm）… 各 2 颗，填
充棉 … 各适量

针　蕾丝针 0 号

翅膀
各 2 片

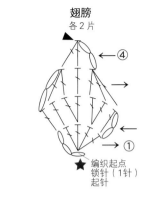

喙
各 1 个

编织起点
锁针（1针）
起针

尾羽
各 1 片

主体部分
各 1 个

主体部分的针数表与配色表

行数	针数	加减针数	配色
21	6	-6	C色
20	12	-6	
19	18	-6	
12~18	24		
10、11	24		B色
9	24	+ 3	
6~8	21		
5	21	+ 3	A色
4	18	+ 3	
3	18	+ 6	
2	12	+ 6	
1	6		

尾羽的针数表

行数	针数	加针数
6、7	12	
5	12	+ 3
4	9	
3	9	+ 3
2	6	
1	6	

7、8 、9 的配色表

	7	8	9
主体部分（A色）1~8行	350	3865	3078
主体部分（B色）9~11行	352	3846	3819
主体部分（C色）12~21行	164	3844	907
尾羽	164	3846	907
翅膀	562	3846	469
喙	819	743	722
脚（直针绣）			

主体部分

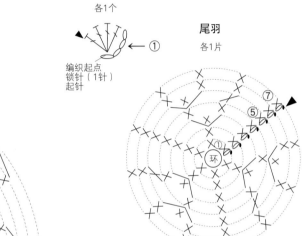

（前面）

将眼睛（木质串珠）缝在脸部
编织起点
主体部分
5行

5.3cm

※主体部分在塞入填充棉后，
将线头穿入最终行的针目内
收紧即可。

★翅膀需将上、下两头缝
在主体部分上

喙需要将三个角缝在脸部

脚
采用直针绣（参见p14）

←3cm→

主体部分

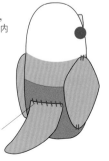

（后面）

尾羽需对折
后缝在主体
部分上

元气满满的三兄弟尽情奔跑在公园里。

11

12

10

腊 肠 狗

编织方法 … p18
设计 … 大町真希

"好累啊！赶紧回家吧。"

我行我素的猫咪们正悠闲任性
地散步呢。

猫 咪

编织方法 … p54
设计 … 大町真希

脖子上的项圈也
好可爱啊！

腊 肠 狗

10 的材料 25 号刺绣线 / 浅驼色系（738）…4 束，
驼色系（434）、黑色系（310）…各 0.5
束

11 的材料 25 号刺绣线 / 茶色系（938）…3.5 束，
驼色系（977）…2 束，黑色系（310）…
0.5 束

12 的材料 25 号刺绣线 / 砖红色系（920）…4 束，
黑色系（310）…0.5 束

10、11、12 的通用材料
HAMANAKA 固体眼睛（黑色、直径
4mm/H221-304-1）…各 1 对，填
充棉 … 各适量

骨头的材料 25 号刺绣线 / 白色系（BLANC）…0.5
束

针 钩针 2/0 号

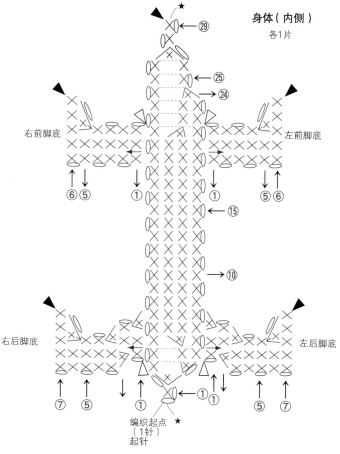

身体（内侧）
各 1 片

右前脚底　　　　左前脚底

右后脚底　　　　左后脚底

编织起点 ★
（1 针）
起针

10、11、12
身体（外侧）、身体（内侧）的配色表

	10	11	12
——	738	938	920
——		977	

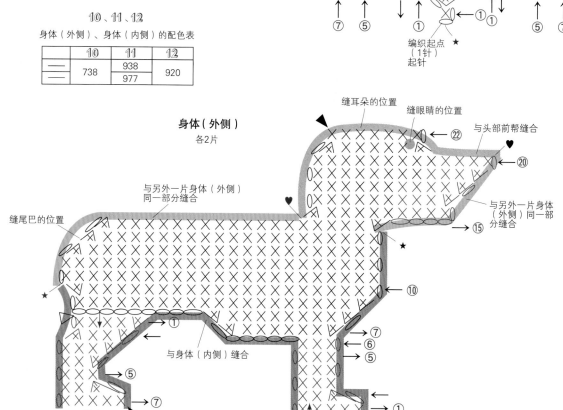

身体（外侧）
各 2 片

缝耳朵的位置
缝眼睛的位置
与头部前帮缝合

缝尾巴的位置

与另外一片身体（外侧）
同一部分缝合

与另外一片身体
（外侧）同一部
分缝合

与身体（内侧）缝合

脚底

脚底

编织起点
锁针（5 针）
起针

头部前帮
各1片

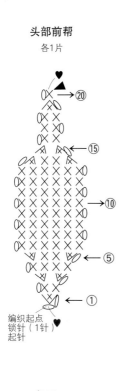

→⑳

→⑮

→⑩

←⑤

←①

编织起点
锁针（1针）
起针

尾巴
各1片

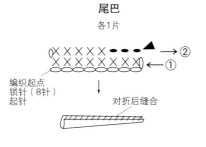

←②
←①

编织起点
锁针（8针）
起针

对折后缝合

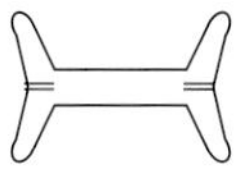

耳朵
各2片

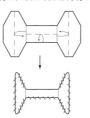

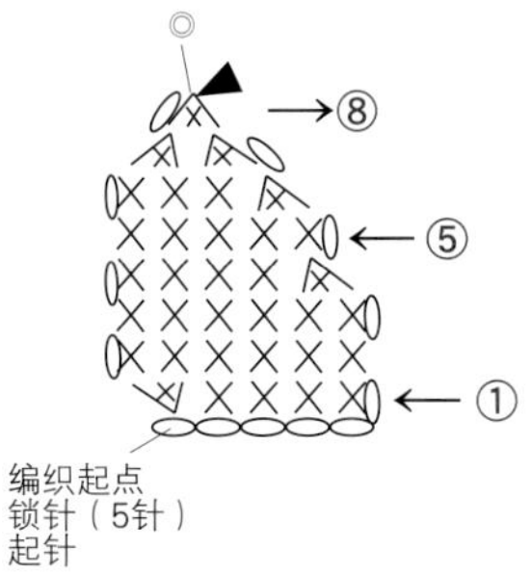

→⑧

←⑤

←①

编织起点
锁针（5针）
起针

骨头 BLANC

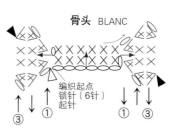

编织起点
锁针（6针）
起针

③ ① ① ③

骨头的整理方法

① 将3个部分对折后再将四周缝合起来。

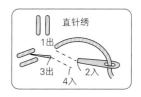

② 将两侧缝合固定住。

鼻子
各1片

←①

编织起点
锁针（1针）
起针

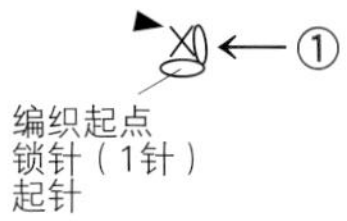

10、11、12 身体之外部分的配色表			
	10	**11**	**12**
头部前帮	738		
耳朵	434	938	920
尾巴			
鼻子、嘴巴	310		

直针绣

1出
2入
3出
4入

整理方法（参见p6）

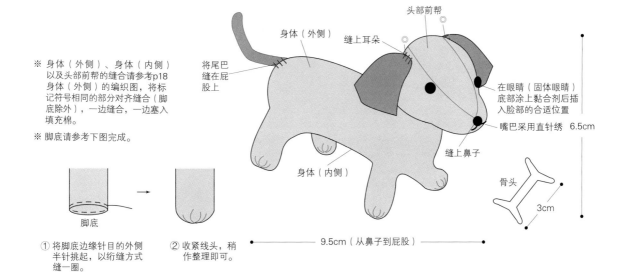

头部前帮

身体（外侧）

缝上耳朵

将尾巴缝在屁股上

在眼睛（固体眼睛）底部涂上黏合剂后插入脸部的合适位置

嘴巴采用直针绣 6.5cm

缝上鼻子

身体（内侧）

骨头

3cm

9.5cm（从鼻子到屁股）

※ 身体（外侧）、身体（内侧）以及头部前帮的缝合请参考p18身体（外侧）的编织图，将标记符号相同的部分对齐缝合（脚底除外），一边缝合，一边塞入填充棉。

※ 脚底请参考下图完成。

脚底

① 将脚底边缘针目的外侧半针挑起，以绗缝方式缝一圈。

② 收紧线头，稍作整理即可。

小鸟

编织方法 ··· p22
设计 ··· 松本薫

五彩缤纷的小鸟们可爱极了！
粉色、蓝色、黄色……
为小鸟们编织出美丽的色彩吧。

将小鸟装饰在礼品盒上，送上一份
用心的礼物吧。

将小鸟们装饰在成品的竹环上，一
件甜美的壁挂装饰就完成啦！

小鸟

16 的材料 25 号刺绣线 / 绿色系（ 3348 ）…2 束，粉色系（ 3687 ）…1 束，黄色系（ 3822 ）…0.5 束
17 的材料 25 号刺绣线 / 黄色系（ 3822 ）…2 束，橙色系（ 402 ）…1 束，绿色系（ 165 ）…0.5 束
18 的材料 25 号刺绣线 / 淡蓝色系（ 799 ）…2 束，淡蓝色系（ 747 ）…1 束，黄色系（ 726 ）…0.5 束
19 的材料 25 号刺绣线 / 浅驼色系（ ECRU ）…2 束，淡蓝色系（ 807 ）…1 束，橙色系（ 402 ）、绿色系（ 988 ）、粉色系（ 3831 ）…各0.5 束
20 的材料 25 号刺绣线 / 粉色系（ 760 ）…2 束，紫色系（ 553 ）…1 束，绿色系（ 581 ）、黄色系（ 726 ）…各0.5 束，黑色系（ 310 ）…少许
16 ~ 19 的通用材料
珍珠串珠（ 黑色、直径 3mm ）…各 2 颗，填充棉 … 各适量
针 蕾丝针 0 号

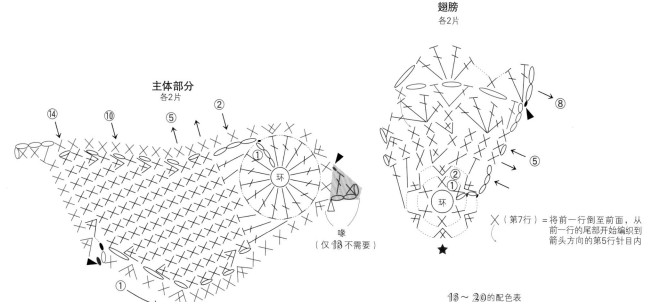

主体部分 各2片

翅膀 各2片

✕（第7行）＝将前一行倒至前面，从前一行的尾部开始编织到箭头方向的第5行针目内

① 主体部分从环的起针处开始编织，参考图示编织14行。
② 将2片①重叠，挑起头针的2根线以卷针缝合。
③ 在喙部接线，分别从前、后片针目挑起1根线进行编织（18除外）。

喙（仅18不需要）

16 ~ 20 的配色表

	16	17	18	19	20
主体部分	3348	3822	799	ECRU	760
喙	3822	165	726	402	726
翅膀	3687	402	747	807	553

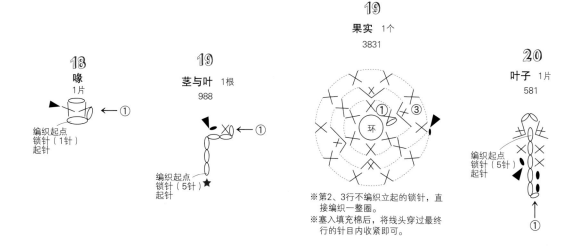

18 喙 1片
编织起点 锁针（1针） 起针

19 茎与叶 1根 988
编织起点 锁针（5针） 起针

19 果实 1个 3831
※第2、3行不编织立起的锁针，直接编织一整圈。
※塞入填充棉后，将线头穿过最终行的针目内收紧即可。

20 叶子 1片 581
编织起点 锁针（5针） 起针

整理方法　※眼睛是缝在环形起针的中心（18 除外）。

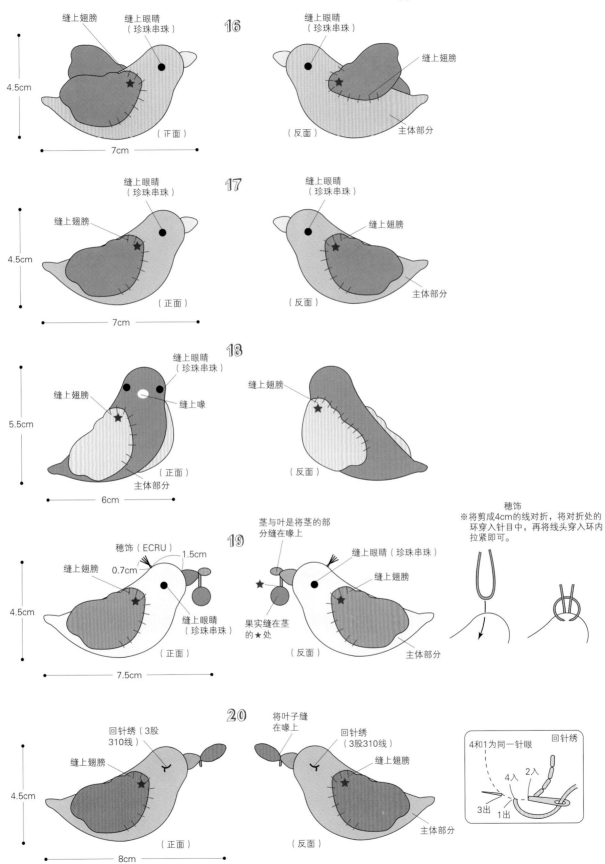

16
缝上翅膀　缝上眼睛（珍珠串珠）
4.5cm
7cm
（正面）

缝上眼睛（珍珠串珠）
缝上翅膀
主体部分
（反面）

17
缝上眼睛（珍珠串珠）
缝上翅膀
4.5cm
7cm
（正面）

缝上眼睛（珍珠串珠）
缝上翅膀
主体部分
（反面）

18
缝上眼睛（珍珠串珠）
缝上翅膀
缝上喙
5.5cm
6cm
主体部分
（正面）

缝上翅膀
（反面）

19
茎与叶是将茎的部分缝在喙上
缝上眼睛（珍珠串珠）
缝上翅膀
主体部分
果实缝在茎的★处
（反面）

穗饰（ECRU）
1.5cm
0.7cm
缝上翅膀
缝上眼睛（珍珠串珠）
4.5cm
7.5cm
（正面）

穗饰
※将剪成4cm的线对折，将对折处的环穿入针目中，再将线头穿入环内拉紧即可。

20
将叶子缝在喙上
回针绣（3股310线）
缝上翅膀
4.5cm
8cm
（正面）

回针绣（3股310线）
缝上翅膀
主体部分
（反面）

回针绣
4和1为同一针眼
4入　2入
3出　1出

松鼠
小熊
长颈鹿
大象

21

22

23

24

25

26

27

28

29

编织方法 … p26(松鼠、小熊)，p27(长颈鹿、大象)
设计 … 松本薫

就像绘本世界里出现的彩色小动物们，非常可爱！

将长颈鹿装饰在每天都要用的
便当盒的橡皮筋上，真是超级
可爱！

可别忘了给小熊安上尾巴哦！

21,22 作品 … p24

松鼠

21 的材料 25号刺绣线/芥末色系(3820)…2束,茶色系(3862)…1束,驼色系(435)、绿色系(3012)、茶色系(839)…各0.5束

22 的材料 25号刺绣线/绿色系(3816)…2束,茶色系(433)…1束,茶色系(3371)…0.5束

21、22 的通用材料 珍珠串珠(黑色、直径3mm)…各2颗,填充棉…各适量

针 蕾丝针0号

① 身体部分编织18行,接着围绕四周编织1行,同时编织耳朵、脚、胳膊部分。
② 接线,编织尾巴。编织2片这种状态的织片。

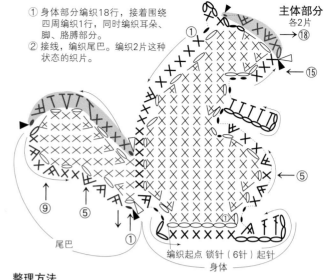

主体部分 各2片

编织起点 锁针(6针)起针
身体
尾巴

21 橡子 1个 ——…435 ——…3012

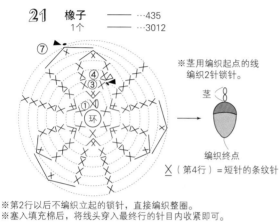

※茎用编织起点的线编织2针锁针。
茎
编织终点
X(第4行)=短针的条纹针

※第2行以后不编织立起的锁针,直接编织整圈。
※塞入填充棉后,将线头穿入最终行的针目内收紧即可。

整理方法

将眼睛(珍珠串珠)分别缝在正面和反面
缝上橡子(仅21)
主体部分
6cm
6.5cm

21、22 主体部分的配色表

	21	22
——	3820	3816
——	3862	433
▨	839	3371

※将2片主体部分(身体和尾巴都完成后)重叠,以卷针缝缝合四周。中途塞入填充棉后全部缝合。

23,24 作品 … p24

小熊

23 的材料 25号刺绣线/芥末色系(3820)…2束,茶色系(3371)、粉色系(600)…各0.5束,绿色系(520)…少许

24 的材料 25号刺绣线/茶色系(3862)…2束,本白色系(712)、茶色系(3031)…各0.5束

23、24 的通用材料 珍珠串珠(黑色、直径3mm)…各2颗,填充棉…各适量

针 蕾丝针0号

鼻子 各1片
编织起点 锁针(1针)起针

尾巴 各1片
※将线穿入第2行的头针内再缝紧。

主体部分 各2片(耳朵以外的部分)
耳朵
右手

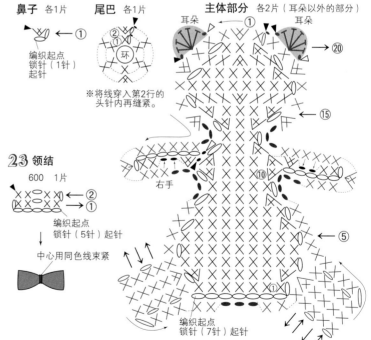

整理方法

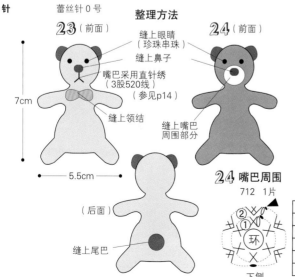

23(前面)
缝上眼睛(珍珠串珠)
缝上鼻子
嘴巴采用直针绣(3股520线)(参见p14)
缝上领结
7cm

24(前面)
缝上嘴巴周围部分
5.5cm

(后面)
缝上尾巴

23 领结 600 1片
编织起点 锁针(5针)起针
中心用同色线束紧

24 嘴巴周围 712 1片
下侧

23、24 的配色表

	23	24
主体部分——	3820	3862
主体部分——		
耳朵—		
尾巴	3371	3031
鼻子		

① 从编织起点开始编织20行,然后暂时搁置该线。再在右胳膊部分接线,参照图示进行编织。从搁置线的位置开始编织一整圈,同时编织出腿。该状态的织片需编织2片。
② 重叠2片①,在耳朵部分接线,分别从前、后片针目挑起1根线进行编织。
③ 将耳朵以外的周边部分以卷针缝缝合。中途塞入填充棉后完成缝合。

25,26 作品…p24

长颈鹿

25 的材料 25 号刺绣线 / 绿色系（165）…2 束，蓝色系（161）、
绿色系（646）…各 0.5 束

26 的材料 25 号刺绣线 / 黄色系（726）…2 束，肉桂色系（921）、
茶色系（433）…各 0.5 束

25、26 的通用材料
珍珠串珠（黑色、直径 3mm）…各 2 颗，填充棉…
各适量

针 蕾丝针 0 号

整理方法

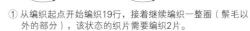

角　各1片
编织起点　锁针（2针）起针

尾巴　各1片
编织起点　锁针（4针）起针

主体部分　各2片
鬃毛

花样A　各6片
花样B　各2片

缝上角

在正面和反面
分别缝上眼睛
（珍珠串珠）

花样B

主体部分

缝上尾巴

花样A

8cm

3.5cm

4cm

25、26 的配色表

	25	26
主体部分——	165	726
主体部分——		
鬃毛——		
尾巴	161	921
角		
花样A	646	433
花样B		

① 从编织起点开始编织19行，接着继续编织一整圈（鬃毛以
外的部分），该状态的织片需要编织2片。

② 在2片①上分别缝上花样A和花样B。（参考整理方法）

③ 将2片①重叠，在鬃毛部分接线，分别从前、后片的针目挑
起1根线进行编织。

④ 将③的鬃毛以外的周边部分以卷针缝缝合。中途塞入填充棉
后完成缝合。

27,28,29 作品…p24

大象

27 的材料 25 号刺绣线 / 黄色系（726）…2.5 束，绿色系
（520）、蓝色系（3750）…各 0.5 束

28 的材料 25 号刺绣线 / 粉色系（3326）…2.5 束，肉桂色系
（922）、粉色系（3687）…各 0.5 束

29 的材料 25 号刺绣线 / 淡蓝色系（747）…2.5 束，蓝色系
（3765）、淡蓝色系（3766）…各 0.5 束

27、28、29 的通用材料
珍珠串珠（黑色、直径 3mm）…各 2 颗，填充棉…
各适量

针 蕾丝针 0 号

整理方法

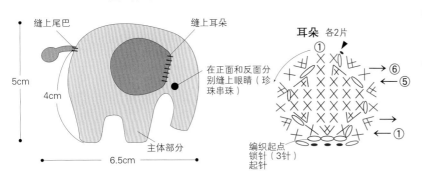

缝上尾巴

缝上耳朵

在正面和反面分
别缝上眼睛（珍
珠串珠）

主体部分

5cm

4cm

6.5cm

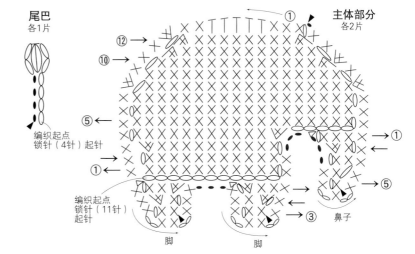

尾巴　各1片
编织起点　锁针（4针）起针

主体部分　各2片

编织起点　锁针（11针）起针

脚　脚　鼻子

耳朵　各2片
编织起点　锁针（3针）起针

① 从编织起点开始编织12行，然后暂时搁置该线。分
别在脚、鼻子部分接线，参照图示进行编织。从搁
置线的位置开始编织一整圈。该状态的织片需要编织
2片。

② 将2片①重叠，将周边以卷针缝缝合。中途塞入填
充棉后完成缝合。

27、28、29 的配色表

	27	28	29
主体部分	726	3326	747
耳朵	520	922	3765
尾巴	3750	3687	3766

小兔

30

31

32

编织方法 … p30
设计 … 冈真理子

活泼好动的小兔子们收获了大大的胡萝卜，
正开心着呢。

嗨哟、嗨哟，小心翼翼地抱着胡萝卜回家啰。

我最喜欢胡萝卜啦！
好想快点吃掉啊！

小兔

30 的材料 25号刺绣线/灰色系（762）…5.5束，粉色系（818）…0.5束

31 的材料 25号刺绣线/本白色系（3865）5.5束，粉色系（818）…0.5束

32 的材料 25号刺绣线/浅驼色系（ECRU）5.5束，粉色系（818）…0.5束

30、31、32 的通用材料 直径8mm的纽扣…各4颗，珍珠串珠（黑色、直径3mm）…各2颗，珍珠串珠（黑色、直径4mm）…各1颗，填充棉…各适量

胡萝卜A的材料 25号刺绣线/绿色系（906）、橙色系（741）…各0.5束

胡萝卜B的材料 25号刺绣线/绿色系（907）、橙色系（970）…各0.5束

针 钩针2/0号

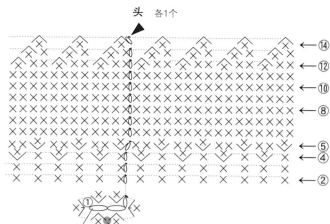

头 各1个

编织起点
锁针（2针）起针
缝鼻子的位置
编织起点
鼻子侧
头部后侧
填充棉

※塞入填充棉后，将线头穿入最终行的针目内收紧即可。

头的针数表

行数	针数	加减针数
14	7	-7
13	14	-7
12	21	-7
6~11	28	
5	28	+7
4	21	+7
2、3	14	
1	14	

身体 各1个

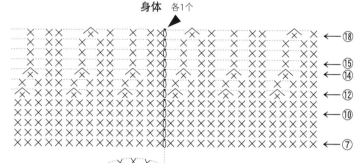

填充棉
头侧
屁股侧
※塞入填充棉。

身体的针数表

行数	针数	加减针数
18	15	-3
15~17	18	
14	18	-6
13	24	
12	24	-6
6~11	30	
5	30	+6
4	24	+6
3	18	+6
2	12	+6
1	6	

腿 各2条

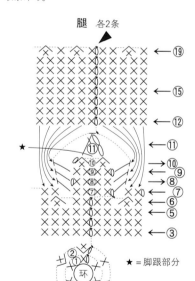

★ = 脚跟部分

腿的针数表

行数	针数	加减针数
19	8	-3
12~18	11	
11	11	+9
10	2	-2
7~9	4	-4
6	6	-2
3~5	10	
2	10	+4
1	6	

填充棉
缝合
※塞入填充棉后，将最终行针目缝合起来。

※1~6行 环形编织，
7~10行 平织，
11~19行 环形编织。

胳膊 各2条

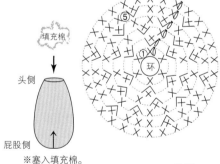

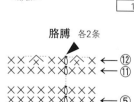

填充棉
缝合
※塞入填充棉后，将最终行针目缝合起来。

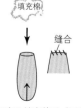

胳膊的针数表

行数	针数	加减针数
12	7	-2
3~11	9	
2	9	+3
1	6	

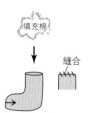

尾巴 各1个

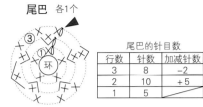

尾巴的针目数		
行数	针数	加减针数
3	8	-2
2	10	+5
1	5	/

30、31、32 的配色表			
	30	31	32
头、身体、胳膊、腿、尾巴	762	3865	ECRU

耳朵 各2片

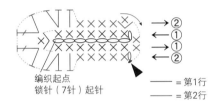

—— = 第1行
—— = 第2行

编织起点
锁针（7针）起针

编织方法
① 参考配色表在正、反两面各编织1片第1行。反面的线不要剪断暂时搁置。
② 将2片①正面朝外重叠，再用刚才搁置的反面的线挑起2片织片的针目编织第2行。

耳朵的配色表			
	30	31	32
第2行	762	3865	ECRU
第1行（反面1片）	762	3865	ECRU
第1行（正面1片）	818	818	818

胡萝卜 各1个

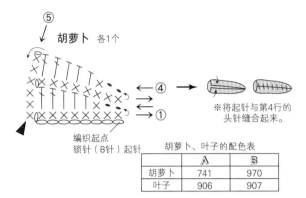

编织起点
锁针（8针）起针

※将起针与第4行的头针缝合起来。

胡萝卜、叶子的配色表		
	A	B
胡萝卜	741	970
叶子	906	907

叶子 各1片

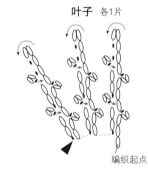

编织起点

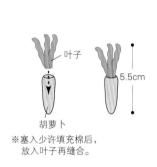

叶子
5.5cm
胡萝卜

※塞入少许填充棉后，放入叶子再缝合。

整理方法

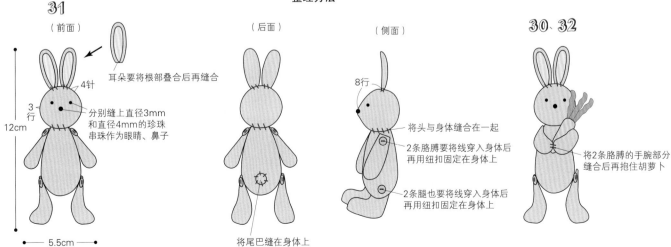

31
（前面）
耳朵要将根部叠合后再缝合
4针
3行
12cm
5.5cm
分别缝上直径3mm和直径4mm的珍珠串珠作为眼睛、鼻子

（后面）
将尾巴缝在身体上

（侧面）
8行
将头与身体缝合在一起
2条胳膊要将线穿入身体后再用纽扣固定在身体上
2条腿也要将线穿入身体后再用纽扣固定在身体上

30、32
将2条胳膊的手腕部分缝合后再抱住胡萝卜

小熊

编织方法 … p34
设 计 … 大町真希

小熊圆鼓鼓的体型格外可爱。
给怕冷的白熊围上围巾吧。

穿着同款不同色的条纹 T 恤，相
亲相爱的情侣风哦。

做一个包链挂在包上，随时带它
一起走吧。

小熊

33 的材料	25 号刺绣线／白色系(BLANC)…4.5束，茶色系(898)、红色系(347)、灰色系(415)…各 0.5 束
34 的材料	25 号刺绣线／驼色系（ 436 ）…4.5束，茶色系(898)…0.5 束
35 的材料	25 号刺绣线／浅驼色系（ 738)…4束，粉色系(899)…1 束，茶色系(898)、粉色系(309)、白色系(BLANC)…各 0.5 束
36 的材料	25号刺绣线／茶色系(3863)…4束，绿色系(563)…1束，茶色系(898)、绿色系(943)、蓝色系(803)…各 0.5 束
33 ~ 36 的通用材料	HAMANAKA 固体眼睛（ 黑色、直径4.5mm ／ H221-345-1)…各 1 对，填充棉…各适量
针	钩针 2/0 号

身体（内侧）

各1片

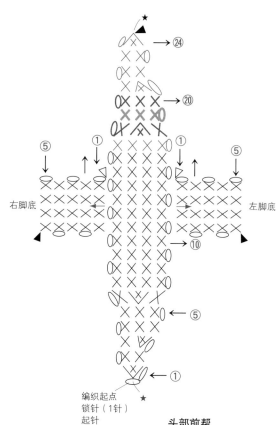

右脚底

左脚底

编织起点
锁针（1针）
起针

身体（外侧）

各2片

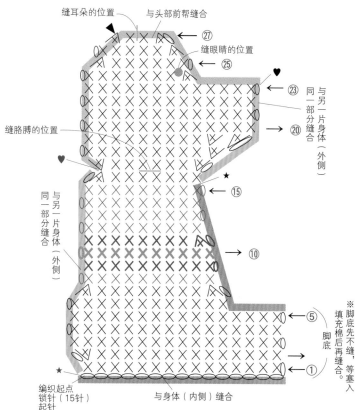

缝耳朵的位置

与头部前帮缝合

缝眼睛的位置

缝胳膊的位置

与另一片身体（外侧）缝合

与另一片身体（外侧）缝合

脚底

※脚底先不缝，等塞入填充棉后再缝合。

编织起点
锁针（15针）
起针

与身体（内侧）缝合

头部前帮

各1片

编织起点
锁针（2针）
起针

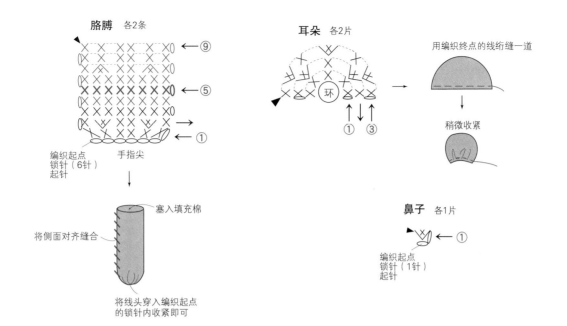

胳膊 各2条

← ⑨

← ⑤

→
← ①

编织起点
锁针（6针）
起针

手指尖

塞入填充棉

将侧面对齐缝合

将线头穿入编织起点
的锁针内收紧即可

耳朵 各2片

环

① ③

用编织终点的线绗缝一道

稍微收紧

鼻子 各1片

← ①

编织起点
锁针（1针）
起针

33 围巾 1片

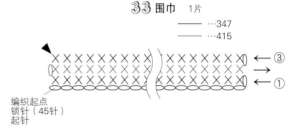

—— ···347
—— ···415

← ③

→
← ①

编织起点
锁针（45针）
起针

33～36 的配色表

	33	34	35	36
身体（外侧）、身体（内侧）、手 ——			738	3863
身体（外侧）、身体（内侧）、手 ——			899	563
身体（外侧）、身体（内侧）、手 ——	BLANC	436	309	943
身体（外侧）、身体（内侧）——			BLANC	803
头部前帮			738	3863
耳朵				
鼻子、嘴巴	898	898	898	898

直针绣

1出
3出   2入
4入

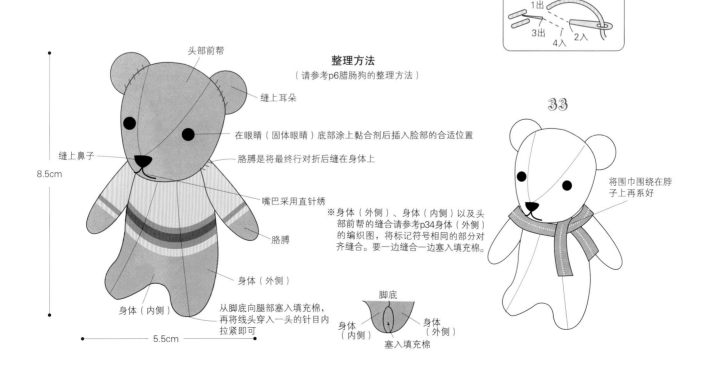

头部前帮

缝上耳朵

8.5cm

缝上鼻子

5.5cm

身体（内侧）

身体（外侧）

整理方法
（请参考p6腊肠狗的整理方法）

在眼睛（固体眼睛）底部涂上黏合剂后插入脸部的合适位置

胳膊是将最终行对折后缝在身体上

嘴巴采用直针绣

胳膊

※身体（外侧）、身体（内侧）以及头
部前帮的缝合请参考p34身体（外侧）
的编织图，将标记符号相同的部分对
齐缝合。要一边缝合一边塞入填充棉。

从脚底向腿部塞入填充棉，
再将线头穿入一头的针目内
拉紧即可

脚底
身体
（内侧）
身体
（外侧）
塞入填充棉

33

将围巾围绕在脖
子上再系好

35

我们可是动物园里最受欢迎的
明星哦!
玩皮球真开心啊!

熊 猫

编织方法 ⋯ p38
设计 ⋯ 大町真希

喂!再玩儿一会儿嘛!

池塘主人小乌龟，对自己五
彩斑斓的龟壳可得意啦。

乌龟

编织方法 … p56
设计 … 藤田智子

还可以当针插用哦！
放入针线盒中让它去找小伙伴儿们吧。

熊 猫

37 的材料　25 号刺绣线／白色系（BLANC）… 5 束，黑色系（310）… 2 束，红色系（347）… 0.5 束；填充棉…适量

38 的材料　25 号刺绣线／白色系（BLANC）… 5 束，黑色系（310）… 2 束，蓝色系（825）… 0.5 束；填充棉…适量

球 A 的材料　25 号刺绣线／红色系（347）、黄色系（727）、绿色系（912）、蓝色系（3765）…各 0.5 束；填充棉…适量

球 B 的材料　25 号刺绣线／紫色系（553）、黄色系（742）、粉色系（150）、淡蓝色系（3766）…各 0.5 束；填充棉…适量

针　钩针 2/0 号

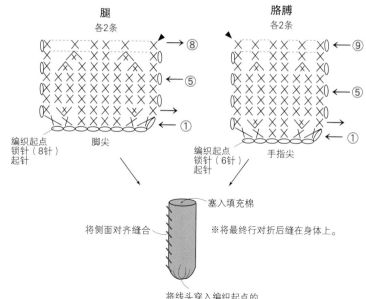

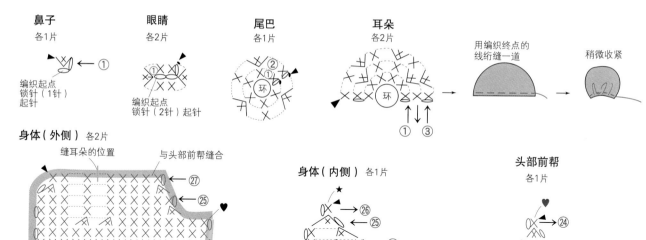

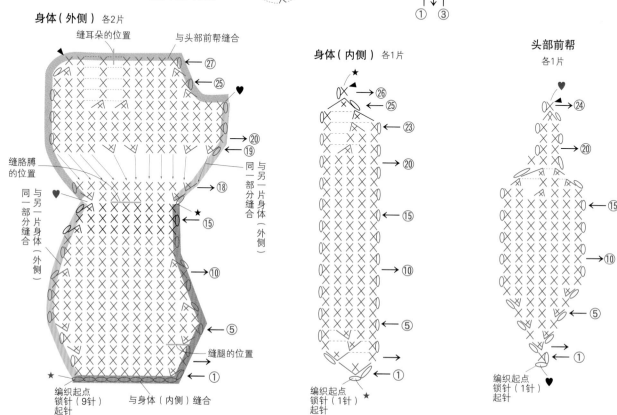

球的配色、针数表

行数	针数	A	B
16	5	3765	3766
15	10	3765	3766
14	14	912	150
13	19	912	150
12	24	727	742
11	24	727	742
10	28	347	553
9	28	347	553
8	28	3765	3766
7	28	3765	3766
6	28	912	150
5	24	912	150
4	24	727	742
3	18	727	742
2	12	347	553
1	6	347	553

球

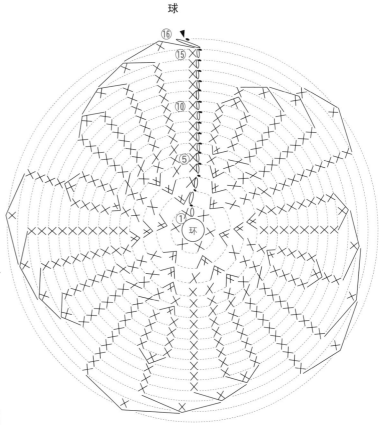

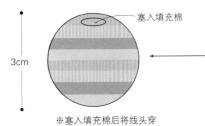

3cm

塞入填充棉

※塞入填充棉后将线头穿
入最终行的针目内收紧
即可。

37、38 的配色表

	37	38
身体（外侧）、身体（内侧）——	BLANC	
身体（外侧）、身体（内侧）——		310
头部前帮	BLANC	
尾巴	BLANC	
胳膊	310	
腿	310	
耳朵	310	
眼睛	310	
鼻子、嘴巴	310	
蝴蝶领结	347	825

蝴蝶领结
各1片

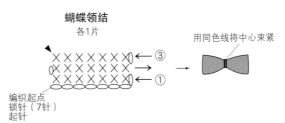

用同色线将中心束紧

编织起点
锁针（7针）
起针

整理方法
（请参考p6腊肠狗的整理方法）

直针绣

1 出
3 出
4 入
2 入

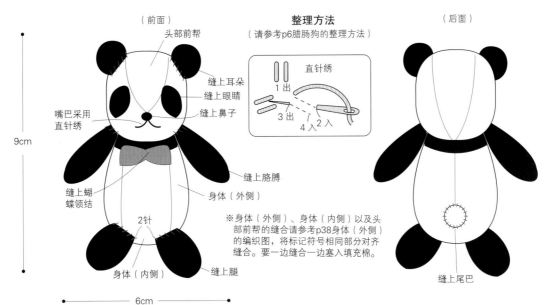

（前面）

头部前帮
缝上耳朵
缝上眼睛
缝上鼻子
嘴巴采用
直针绣
缝上胳膊
缝上蝴
蝶领结
身体（外侧）
9cm
2针
身体（内侧）
缝上腿

（后面）

缝上尾巴

※身体（外侧）、身体（内侧）以及头
部前帮的缝合请参考p38身体（外侧）
的编织图，将标记符号相同部分对齐
缝合。要一边缝合一边塞入填充棉。

6cm

北欧人气杂货"达拉马"据说可以带来好运哦！

达 拉 马

编织方法 ··· p57
设计 ··· 藤田智子

将这个幸运之宝挂在最
重要的钥匙链上吧。

衣饰艳丽的三姐妹！
用不同颜色的线编织好后，摆在家
里装点您的家吧。

46　47　48

套 娃

编织方法 … p42
设计 … 冈真理子

背影也很美吧！

套娃

46的材料 25号刺绣线／绿色系（911）、蓝色系（3842）…各2束，浅黄色系（3770）…1束，黄色系（727）、浅驼色系（729）、绿色系（906）、粉色系（3716）、红色系（817）…各0.5束

47的材料 25号刺绣线／红色系（817）、绿色系（911）…各2束，浅黄色系（3770）…1束，黄色系（727）、浅驼色系（729）、绿色系（906）、粉色系（3716）…各0.5束

48的材料 25号刺绣线／红色系（817）、蓝色系（3842）…各2束，浅黄色系（3770）…1束，黄色系（727）、浅驼色系（729）、绿色系（906）、粉色系（3716）…各0.5束

46、47、48的通用材料 珍珠串珠（黑色、直径3mm）…各2颗，填充棉…各适量

针 钩针2/0号

花a 各1片…3716

花b 各1片…727

主体部分 各1个

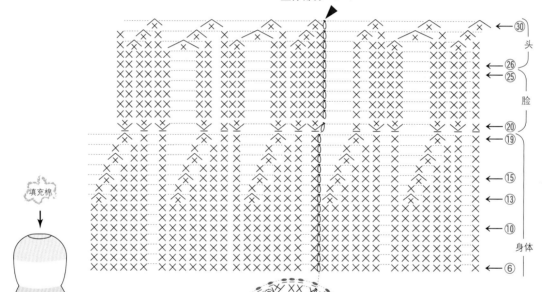

← ㉚ ┐
← ㉖ ┤ 头
← ㉕ ┤
← ⑳ ┘ 脸
← ⑲
← ⑮
← ⑬
← ⑩
← ⑥ ┘ 身体

填充棉

※塞入填充棉后，将线头穿入最终行的针目内收紧即可。

▬ = 之后再编织

底

✕ = 短针的条纹针
第5行…挑起前一行外侧的半针
第20行…挑起前一行内侧的半针

▬ = 编织完身体部分后，挑起第4行内侧剩下的半针，再编织引拔针

主体部分的配色表

	46	47	48
头　26~30行	729	729	729
脸　20~25行	3770	3770	3770
底、身体1~19行	911	817	3842

主体部分的针数表

行数	针数	加减针数
30	7	−7
29	14	−7
28	21	−6
21~27	27	
20	27	+12
19	15	−5
18	20	
17	20	−5
16	25	
15	25	−5
14	30	
13	30	−5
6~12	35	
5	35	+7
4	28	+7
3	21	+7
2	14	+7
1	7	

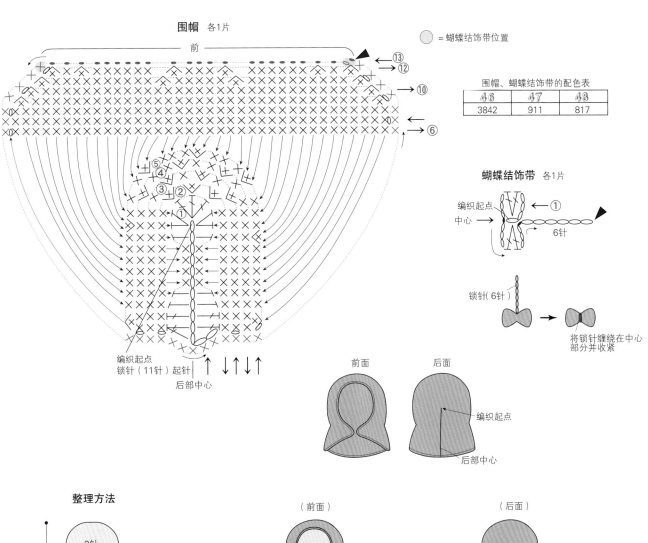

围帽 各1片

前

= 蝴蝶结饰带位置

围帽、蝴蝶结饰带的配色表

46	47	48
3842	911	817

蝴蝶结饰带 各1片

编织起点
中心
6针

锁针（6针）

将锁针缠绕在中心部分并收紧

编织起点
锁针（11针）起针
后部中心

前面　后面

编织起点

后部中心

整理方法

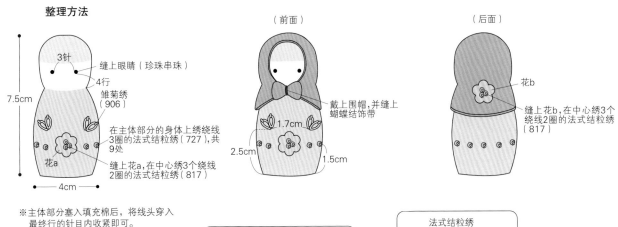

3针
缝上眼睛（珍珠串珠）
4行
7.5cm
雏菊绣（906）
在主体部分的身体上绣绕线3圈的法式结粒绣（727），共9处
花a
缝上花a，在中心绣3个绕线2圈的法式结粒绣（817）
4cm

（前面）
1.7cm
2.5cm
1.5cm
戴上围帽，并缝上蝴蝶结饰带

（后面）
花b
缝上花b，在中心绣3个绕线2圈的法式结粒绣（817）

※主体部分塞入填充棉后，将线头穿入最终行的针目内收紧即可。

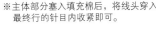

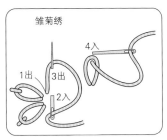

雏菊绣
1出　3出　2入　4入

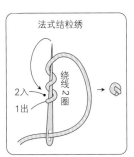

法式结粒绣
2入　绕线2圈　1出

圣诞树
圣诞袜

49

50

51

52

53

54

55

56

57

58

59

60

编织方法 ··· p58(圣诞树)，p46(圣诞袜)

设计 ··· 今村曜子

既可以做装饰，也可以当礼物！

多编织一些，让圣诞气氛更浓厚些吧。

用手工编织的饰品把圣诞树装点
得漂漂亮亮的吧。

粉色系可以装饰出浪漫主题风。
别上别针，就摇身一变成为可爱
饰品啦。

圣诞袜

55 的材料　25 号刺绣线／绿色系(3363)、橙色系(741)… 各 1 束，绿色系(166)… 0.5 束
56 的材料　25 号刺绣线／红色系(321)、本白色系(3865)… 各 1 束，绿色系(699)… 0.5 束
57 的材料　25 号刺绣线／红色系(666)… 1.5 束，本白色系(3865)… 0.5 束
58 的材料　25 号刺绣线／淡蓝色系(794)、黄色系(3078)… 各 1 束
59 的材料　25 号刺绣线／蓝色系(820)… 1.5 束，黄色系(728)… 0.5 束
60 的材料　彩色渐变线／黄色系段染(4100)… 2 束；25 号刺绣线／粉色系(3713)… 0.5 束
针　　　　蕾丝针 0 号

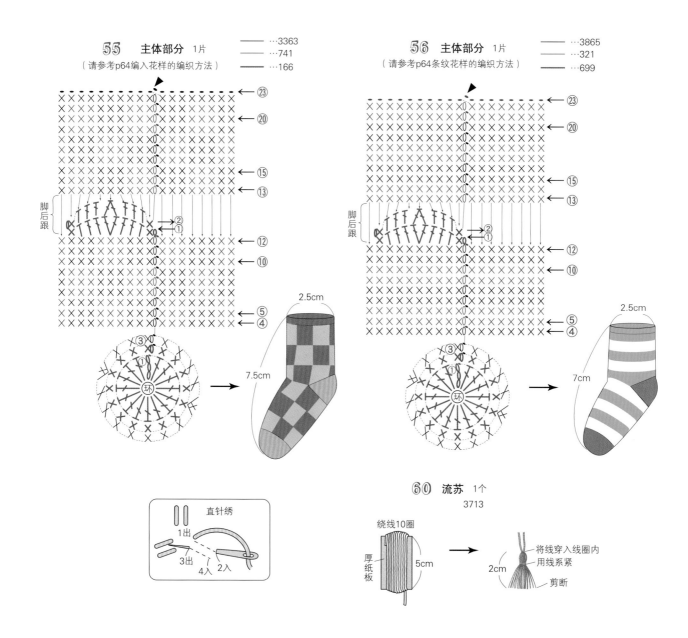

46

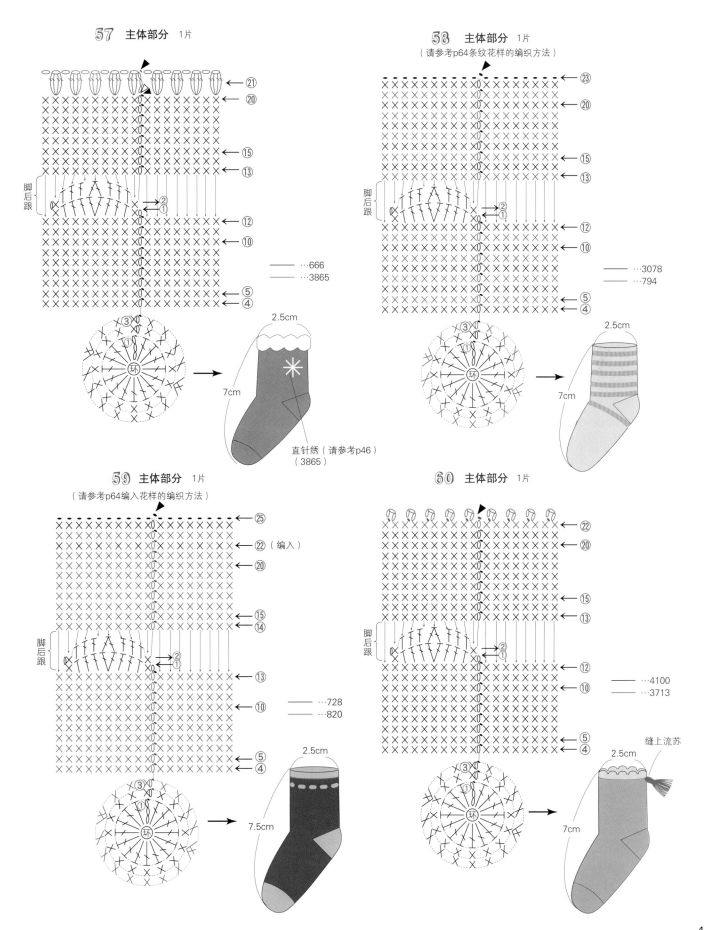

57 主体部分 1片

脚后跟

21
20
15
13
2
1
12
10

——…666
——…3865

③
环

2.5cm
7cm

直针绣（请参考p46）
（3865）

58 主体部分 1片
（请参考p64条纹花样的编织方法）

脚后跟

23
20
15
13
2
1
12
10
5
4

——…3078
——…794

③
环

2.5cm
7cm

59 主体部分 1片
（请参考p64编入花样的编织方法）

脚后跟

25
22（编入）
20
15
14
2
1
13
10
5
4

——…728
——…820

③
环

2.5cm
7.5cm

60 主体部分 1片

脚后跟

22
20
15
13
2
1
12
10
5
4

——…4100
——…3713

缝上流苏

③
环

2.5cm
7cm

小熊头
小兔头
猫咪头
吉娃娃头

编织方法 ··· p50（小熊头、小兔头），p51（猫咪头、吉娃娃头）
设计 ··· 藤田智子

圆乎乎的头、可爱的表情，让人看一眼都忍俊不禁。

装饰在笔上，笔立马变得萌起来。
用这样的笔，似乎工作起来都更顺
利哦。

安上吸铁石后往留言板上一贴，瞬
间吸引了大家的视线！

小 熊 头

61 的材料　25 号刺绣线 / 茶色系（3860）…2 束，粉色系（819）、
　　　　　　　浅茶色系（452）、茶色系（938）…各 0.5 束
62 的材料　25 号刺绣线 / 本白色系（712）…2 束，粉色系（819）、
　　　　　　　茶色系（938）、本白色系（3865）…各 0.5 束
61、62 的通用材料
　　　　　　　HAMANAKA 固体眼睛（黑色、直径 5mm / H221－
　　　　　　　305－1）…各 1 对，填充棉…各适量
针　　　　钩针 2/0 号

头
前面（织到第9行）…各1片
后面（织到第7行）…各1片

※将前、后2片正面朝外对齐，以卷针缝缝合。中途塞入填充棉完成缝合。

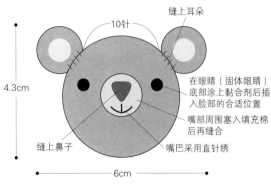

前面
后面
4cm
卷针缝

整理方法

缝上耳朵
10针
在眼睛（固体眼睛）底部涂上黏合剂后插入脸部的合适位置
嘴部周围塞入填充棉后再缝合
嘴巴采用直针绣
缝上鼻子
4.3cm
6cm

61、62 的配色表

	61	62
头	3860	712
耳朵 ——		
耳朵 ——	819	819
嘴部周围	452	3865
鼻子、嘴巴	938	938

耳朵
各2片

鼻子
各1片

嘴部周围
各1片

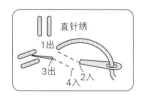

头的针数表

行数	针数	加针数
8、9	42	
7	42	+6
6	36	+6
5	30	+6
4	24	+6
3	18	+6
2	12	+6
1	6	

小 兔 头

63 的材料　25 号刺绣线 / 灰色系（3024）…3 束，粉色系（3706）、本白色系（3865）…各 0.5 束
64 的材料　25 号刺绣线 / 粉色系（761）…3 束，粉色系（3706）、本白色系（3865）…各 0.5 束
63、64 的通用材料
　　　　　　　HAMANAKA 固体眼睛（黑色、直径 6mm / H221－306－1）…各 1 对，填充棉…
　　　　　　　各适量
针　　　　钩针 2/0 号

直针绣
1出
3出
4入
2入

整理方法

缝上耳朵
5针
在眼睛（固体眼睛）的底部涂上黏合剂后插入脸部的合适位置
嘴部周围塞入填充棉后再缝合
缝上鼻子
嘴巴采用直针绣
7cm
5cm

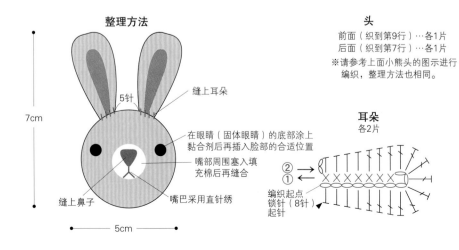

头
前面（织到第9行）…各1片
后面（织到第7行）…各1片
※请参考上面小熊头的图示进行编织，整理方法也相同。

63、64 的配色表

	63	64
头	3024	761
耳朵 ——		
耳朵 ——	3706	3706
嘴部周围	3865	3865
鼻子、嘴巴	3706	3706

耳朵
各2片

②
①
编织起点
锁针（8针）
起针

鼻子
各1片

嘴部周围
各1片

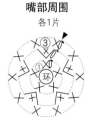

65,66 作品 ··· p48

猫 咪 头

65的材料　25号刺绣线／驼色系（435）··· 3束，黄色
系（3823）···1束，蓝色系（322）、茶色系
（938）、本白色系（3865）···各0.5束

66的材料　25号刺绣线／灰色系（318）··· 3束，黄色
系（3823）···1束，蓝色系（322）、茶色系
（938）、本白色系（3865）···各0.5束

65、66的通用材料

　　　　HAMANAKA猫眼石（蓝色珍珠、直径7.5mm／
　　　　H220-207-22）··· 各1对，填充棉···各适量

针　钩针2/0号、蕾丝针0号

头　钩针2/0号
前面（织到第9行）··· 各1片
后面（织到第7行）··· 各1片
※整理方法同p50的小熊头。

65、66的配色表

	65	66
头（前面）——	435	318
头（前面）——	3865	3865
头（后面）══	435	318
耳朵		
眼睛周围	322	322
嘴部周围	3823	3823
鼻子、嘴巴、胡须	938	938

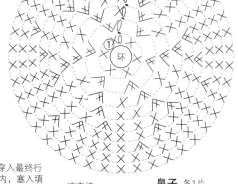

眼睛周围　各2片
蕾丝针0号

嘴部周围　各1片
蕾丝针0号

※ 将线头穿入最终行
的针目内，塞入填
充棉后拉紧。

填充棉

鼻子　各1片
蕾丝针0号

耳朵　各2片
蕾丝针0号

整理方法

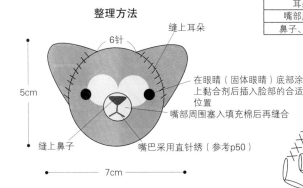

- 缝上耳朵
- 2针
- 5.5cm
- 眼睛周围部分
在两端缝合
- 在眼睛（猫眼石）底部
涂上黏合剂后插入眼睛
周围中心处
- 缝上嘴部周围部分
- 缝上鼻子
- 嘴巴与胡须采
用直针绣（参考p50）
- 5.5cm

67,68 作品 ··· p48

吉 娃 娃 头

67 的材料　25号刺绣线／浅驼色系（437）··· 2.5束，本白色系
（712）···1束，茶色系（938）··· 0.5束

68的材料　25号刺绣线／茶色系（938）··· 3束，驼色系（434）···
1束

67、68 的通用材料

　　　　HAMANAKA 固体眼睛（黑色、直径 6mm／ H221-
　　　　306-1）··· 各1对，填充棉 ··· 各适量

针　钩针 2/0 号、蕾丝针 0 号

头　钩针2/0号
前面（织到第9行）··· 各1片
后面（织到第7行）··· 各1片
※前面（第4、5行）要织入花
样（参考p64）。
※整理方法同p50的小熊头。

67、68的配色表

	67	68
头（前面）——	437	938
头（前面）——	712	434
头（后面）══	437	938
耳朵		
嘴部周围	712	434
鼻子、嘴巴	938	938

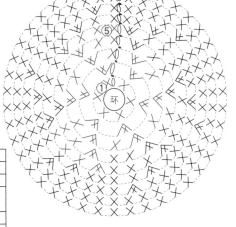

整理方法

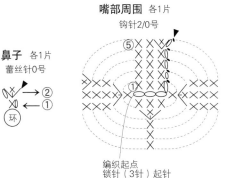

耳朵　各2片
蕾丝针0号

鼻子　各1片
蕾丝针0号

嘴部周围　各1片
钩针2/0号

- 缝上耳朵
- 6针
- 5cm
- 在眼睛（固体眼睛）底部涂
上黏合剂后插入脸部的合适
位置
- 嘴部周围塞入填充棉后再缝合
- 缝上鼻子
- 嘴巴采用直针绣（参考p50）
- 7cm

编织起点
锁针（3针）起针

刺绣线的介绍

下面向您介绍的是本书中所使用的 DMC 刺绣线的各色样本。
这些丰富多彩、美丽细腻的配色线一定能提升您作品的完美度。

※ 实物等大图片

25 号刺绣线
100% 纯棉，8m/卷，465 色 + 新色 16 色，100 日元 + 税

彩色渐变线
100% 纯棉，8m/卷，60 色，100 日元 + 税

※ 根据国际汇率计算，1 元人民币约合 17 日元。汇率计算仅供参考，请以银行柜台成交价为准。

○ 25 号刺绣线新色样本

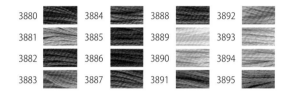

3880	3884	3888	3892
3881	3885	3889	3893
3882	3886	3890	3894
3883	3887	3891	3895

○ 25 号刺绣线色号样本

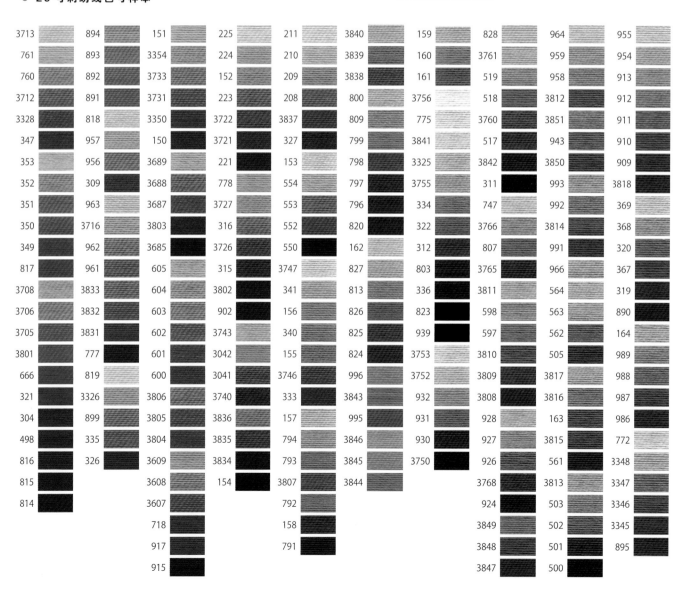

3713	894	151	225	211	3840	159	828	964	955
761	893	3354	224	210	3839	160	3761	959	954
760	892	3733	152	209	3838	161	519	958	913
3712	891	3731	223	208	800	3756	518	3812	912
3328	818	3350	3722	3837	809	775	3760	3851	911
347	957	150	3721	327	799	3841	517	943	910
353	956	3689	221	153	798	3325	3842	3850	909
352	309	3688	778	554	797	3755	311	993	3818
351	963	3687	3727	553	796	334	747	992	369
350	3716	3803	316	552	820	322	3766	3814	368
349	962	3685	3726	550	162	312	807	991	320
817	961	605	315	3747	827	803	3765	966	367
3708	3833	604	3802	341	813	336	3811	564	319
3706	3832	603	902	156	826	823	598	563	890
3705	3831	602	3743	340	825	939	597	562	164
3801	777	601	3042	155	824	3753	3810	505	989
666	819	600	3041	3746	996	3752	3809	3817	988
321	3326	3806	3740	333	3843	932	3808	3816	987
304	899	3805	3836	157	3846	931	928	163	986
498	335	3804	3835	995	3845	930	927	3815	772
816	326	3609	3834	794	3844	3750	926	561	3348
815		3608	154	793			3768	3813	3347
814		3607		3807			924	503	3346
		718		792			3849	502	3345
		917		158			3848	501	895
		915		791			3847	500	

○ **彩色渐变线色号样本**

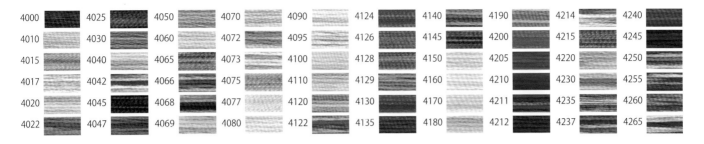

* 各种线的说明文字依次为材质、线长、色数、价格。

* 色数、价格为 2014 年 5 月的情况。

* 由于印刷品的特殊性，线的颜色与标记的色号可能会存在色差。

* 有关刺绣线的咨询请联系：

　DMC 株式会社　电话 03–5296–7831

　邮编 101–0035　东京都千代田区神田绀屋町 13 番地 山东大厦 7 楼

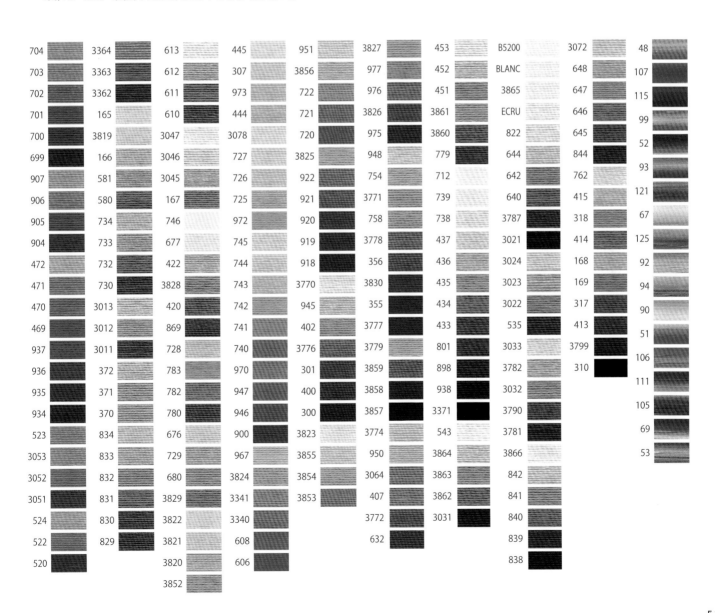

猫咪

13 的材料 25号刺绣线/灰色系(415)···3.5束,粉色系(3832)、黑色系(310)···各0.5束

14 的材料 25号刺绣线/白色系(BLANC)···3.5束,蓝绿色系(3845)、茶色系(840)···各0.5束

15 的材料 25号刺绣线/黑色系(310)···3.5束,黄色系(742)、茶色系(840)···各0.5束

13、14、15 的通用材料 HAMANAKA 固体眼睛(黑色、直径4.5mm / H221-345-1)···各1对,水晶线···各3根3.5cm长,填充棉···各适量

针 钩针2/0号

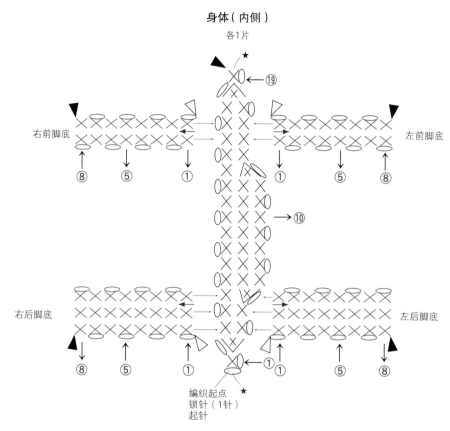

身体(内侧) 各1片

右前脚底　左前脚底　右后脚底　左后脚底　编织起点 锁针(1针)起针

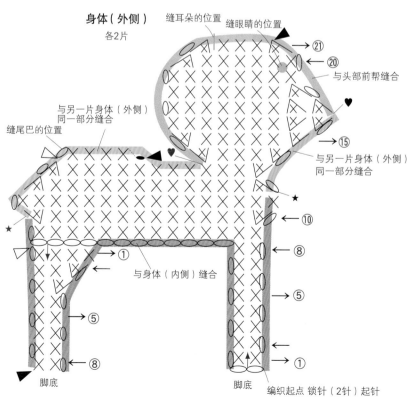

身体(外侧) 各2片

缝耳朵的位置　缝眼睛的位置　与头部前帮缝合　与另一片身体(外侧)同一部分缝合　缝尾巴的位置　与另一片身体(外侧)同一部分缝合　与身体(内侧)缝合　脚底　编织起点 锁针(2针)起针

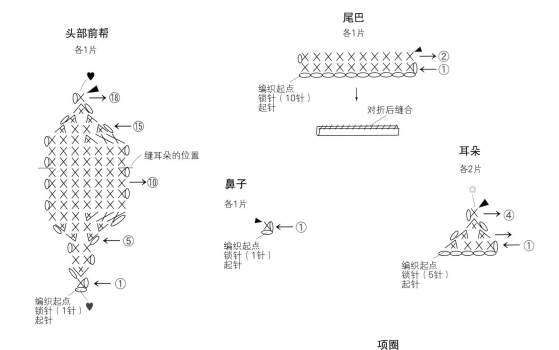

头部前帮
各1片

缝耳朵的位置

编织起点
锁针（1针）
起针

尾巴
各1片

编织起点
锁针（10针）
起针

对折后缝合

鼻子
各1片

编织起点
锁针（1针）
起针

耳朵
各2片

编织起点
锁针（5针）
起针

项圈
各1片

编织起点
锁针（18针）
起针

13、14、15 的配色表	13	14	15
身体（外侧）			
身体（内侧）			
头部前帮	415	BLANC	310
耳朵			
尾巴			
鼻子、嘴巴	310	840	840
项圈	3832	3845	742

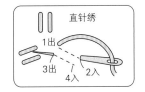

直针绣

1出
3出
2入
4入

整理方法
（请参考p6腊肠狗的整理方法）

※身体（外侧）、身体（内侧）、头部前帮的
缝合请参考p54身体（外侧）的编织图，将标
记符号相同部分对齐缝合（脚底除外）。一边
缝合一边塞入填充棉。

※脚底请参考下图完成。

脚底

① 将脚底边缘针目的外侧半
针挑起，以绷缝方式缝一
圈。

② 拉紧线头，稍作
整理即可。

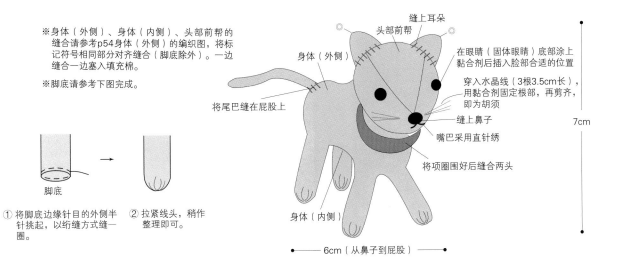

缝上耳朵

头部前帮

身体（外侧）

将尾巴缝在屁股上

在眼睛（固体眼睛）底部涂上
黏合剂后插入脸部合适的位置

穿入水晶线（3根3.5cm长），
用黏合剂固定根部，再剪齐，
即为胡须

缝上鼻子

嘴巴采用直针绣

将项圈围好后缝合两头

身体（内侧）

7cm

6cm（从鼻子到屁股）

乌龟

39 的材料 25 号刺绣线／黄色系（745）…2束，绿色系（907）…1.5 束，绿色系（470）、（986）…各 0.5 束

40 的材料 25 号刺绣线／黄色系（745）…2束，红色系（666）…1.5 束，珊瑚色系（353）、黄色系（444）、橙色系（608）、绿色系（907）、紫色系（917）、粉色系（3705）、蓝绿色系（3846）…各 0.5 束

41 的材料 25 号刺绣线／黄色系（745）、粉色系段染（48）…各 2 束

39、40、41 的通用材料 HAMANAKA 固体眼睛（黑色、直径 3mm／H221-303-1）…各 1 对，填充棉…各适量

针 蕾丝针 0 号

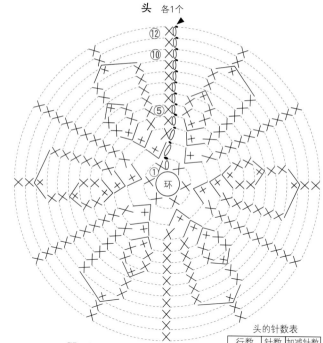

头 各1个

头的针数表

行数	针数	加减针数
11、12	12	
10	12	-6
8、9	18	
7	18	-6
5、6	24	
4	24	+6
3	18	+6
2	12	+6
1	6	

腿 各4条

尾巴 各1片

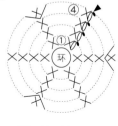

※如图将龟壳与腹部正面朝外对齐，编织1行反短针进行缝合。中途塞入填充棉后全部缝合即可。

龟壳
反短针 ✕（36针）
腹部

龟壳
各1片
（配色线的替换方法参见p5）

（36针）

腹部
各1片

（36针）

39、40、41 的配色表

		39	40	41
头				
脚		745	745	745
尾巴				
肚子		907	666	48

龟壳的配色表

行数	39	40	41
反短针 ✕		666	
第5行	907		
第4行		353	
第3行		666	
第2行	470	907	
第2行	986	3705	48
第2行	470	3846	
第2行	986	444	
第2行	470	353	
第2行	986	917	
第1行	907	608	

整理方法

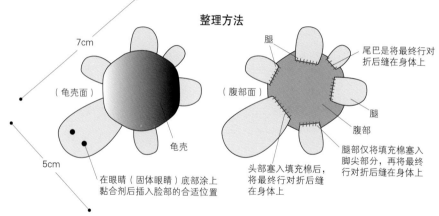

7cm

（龟壳面）

5cm

在眼睛（固体眼睛）底部涂上黏合剂后插入脸部的合适位置

龟壳

腿

尾巴是将最终行对折后缝在身体上

（腹部面）

腿

腹部

头部塞入填充棉后，将最终行对折后缝在身体上

腿部仅将填充棉塞入脚尖部分，再将最终行对折后缝在身体上

达 拉 马

42的材料	25号刺绣线／绿色系（909）…3束，红色系（321）、绿色系（959）、蓝绿色系（3844）、本白色系（3865）…各0.5束；填充棉…适量
43的材料	25号刺绣线／本白色系（3865）…3束，黄色系（742）、紫色系（917）、粉色系（3705）…各0.5束；填充棉…适量
44的材料	25号刺绣线／红色系（321）…3束，绿色系（959）、本白色系（3865）…各0.5束；填充棉…适量
45 的材料	25 号刺绣线／蓝绿色系（3844）…3束，粉色系（819）、橙色系（947）…各0.5束；填充棉…适量
针	蕾丝针 0 号

42
马鞍 1片
—— …959
—— …3844
—— …3865

※编织2片完整花片至第2行，将其连接起来，然后编织第3行织一圈。

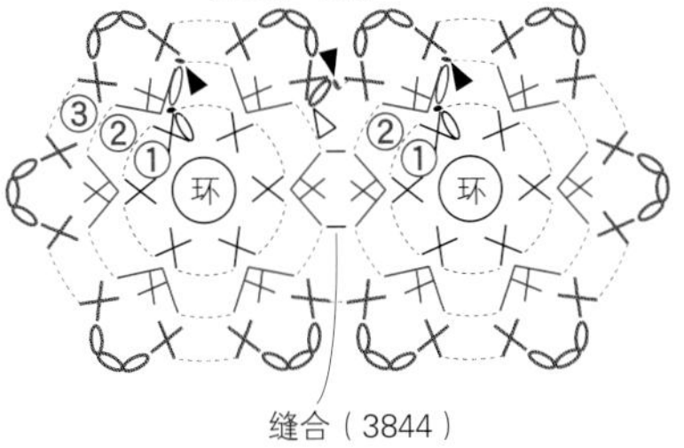

缝合（3844）

43
花 1片
—— …917
—— …742

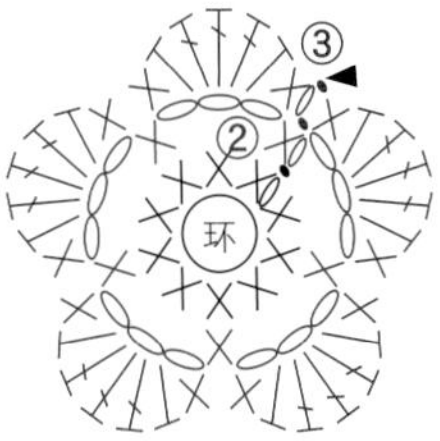

环

缝合（3844）

主体部分 各2片

← ⑰
← ⑮
← ⑩
← ⑨
⑧ →
← ⑤
① →
锁针（13针）
⑧ →
← ⑤
← ⑤
① →
① →
① →

编织起点
锁针（3针）
起针

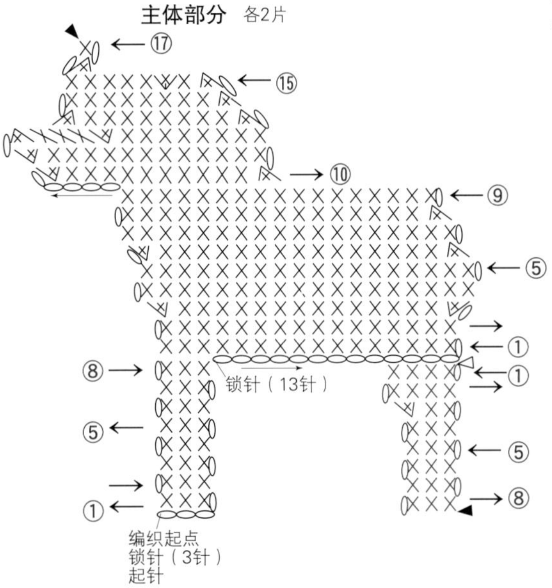

※从编织起点开始编织前蹄以及17行的身体和头部。在后蹄部分接线，参照图示继续编织。

※将2片主体部分重叠对齐，将外围以卷针缝缝一圈。中途塞入填充棉。

42、43
装饰带
各1片
42…321
43…3705

编织起点
锁针（1针）
起针

主体部分的配色表

42	43	44	45
909	3865	321	3844

44
装饰带 2片
—— …3865
—— …959

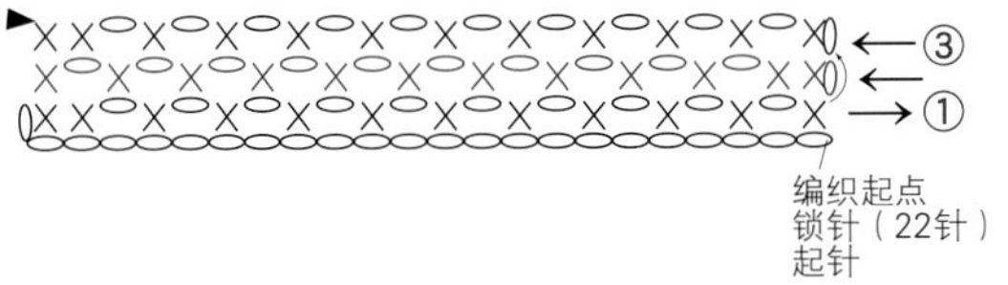

← ③
→ ①

编织起点
锁针（22针）
起针

45
装饰带 2片
—— …819
—— …947

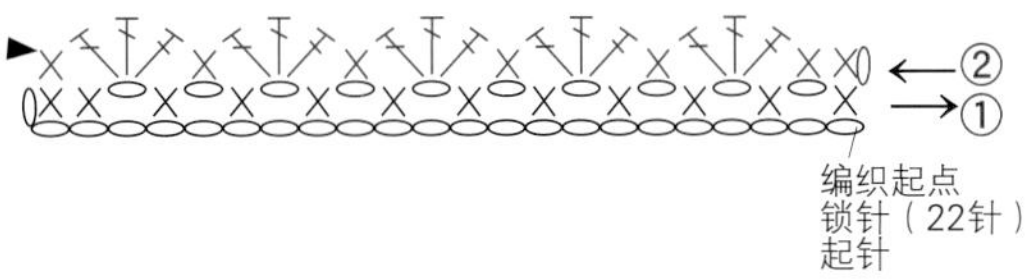

← ②
→ ①

编织起点
锁针（22针）
起针

整理方法

42
7.5cm
7.5cm
将装饰带绕脖子一圈并缝合
将马鞍固定在马背上

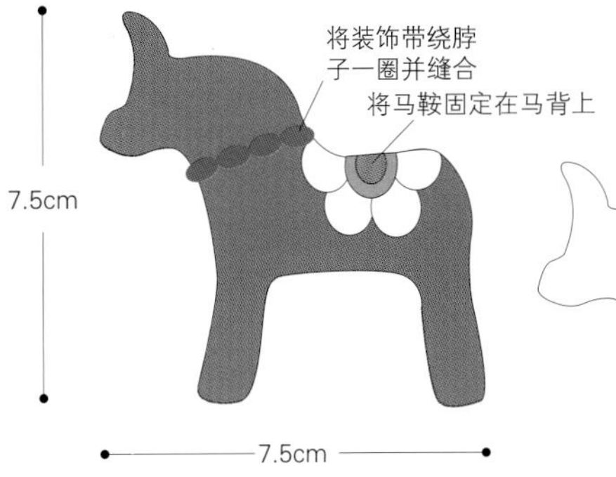

43
将装饰带绕脖子一圈并缝合
将花固定在身体上

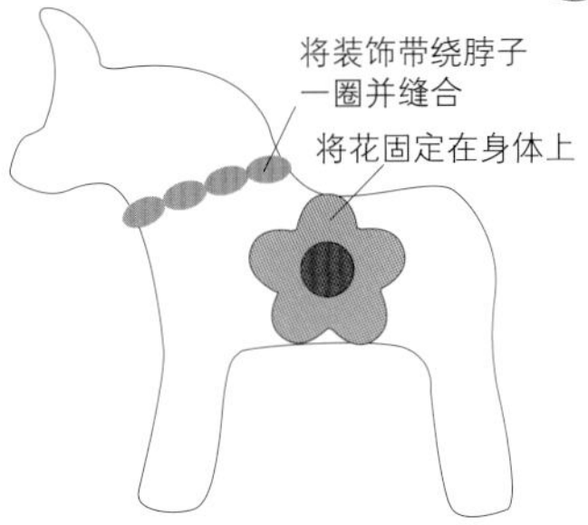

44
将装饰带绕脖子和身体一圈并缝合

45
将装饰带绕脖子和身体一圈并缝合

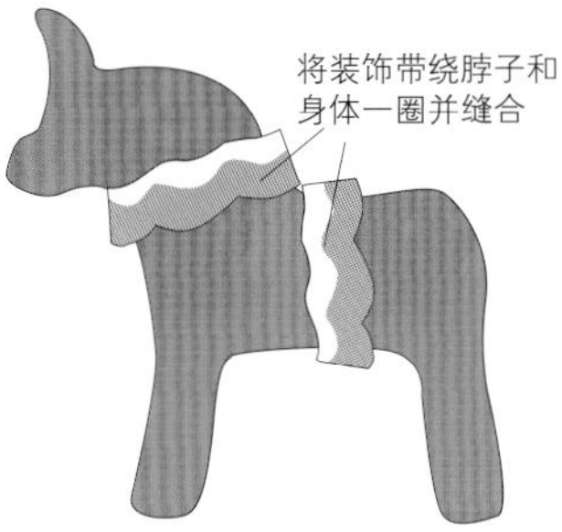

圣诞树

49的材料 彩色渐变线／粉色系段染（4200）…
1.5束；25号刺绣线／驼色系（435）、
本白色系（3865）…各0.5束

50的材料 25号刺绣线／绿色系（368）…1.5束，
浅驼色系（437）、粉色系（602）…各
0.5束；圆形小串珠（黄色）…2个

51的材料 25号刺绣线／绿色系（890）…1.5束，
驼色系（435）…0.5束；星形亮片
（金色）…10枚

52的材料 25号刺绣线／绿色系（469）…1.5束，
驼色系（435）、红色系（666）、黄色
系（743）…各0.5束

53的材料 25号刺绣线／绿色系（470）、（472）、
（934）、（937）…各0.5束，茶色系
（3031）…0.5束

54的材料 25号刺绣线／红色系（321）…1.5束，
黄色系（727）、绿色系（890）、本白
色系（3865）…各0.5束

针 钩针2/0号

树冠 各1个
（编织方法参见p5）

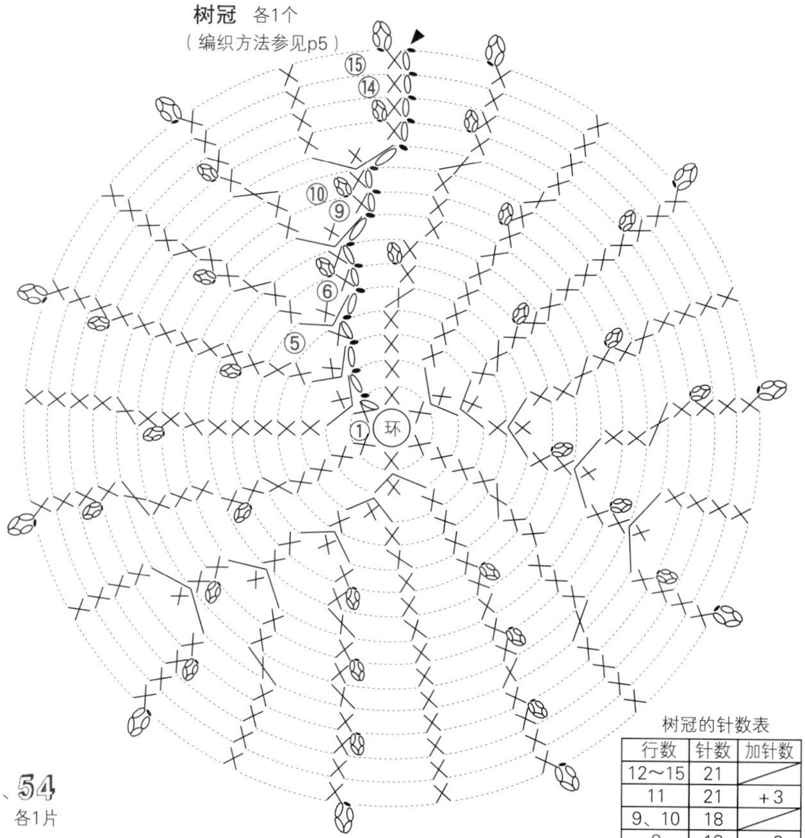

树冠的针数表

行数	针数	加针数
12～15	21	
11	21	+3
9、10	18	
8	18	+3
6、7	15	
5	15	+3
4	12	
3	12	+3
2	9	+3
1	6	

50 小花 2片　602

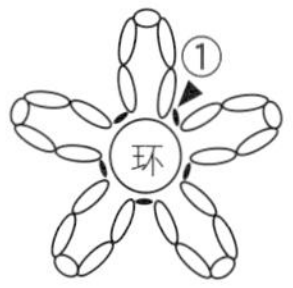

52 果实 3个　666
编织起点 锁针（1针）起针

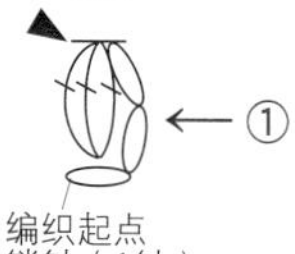

52、54 星星 各1片
52…743
54…727

树干 各1根

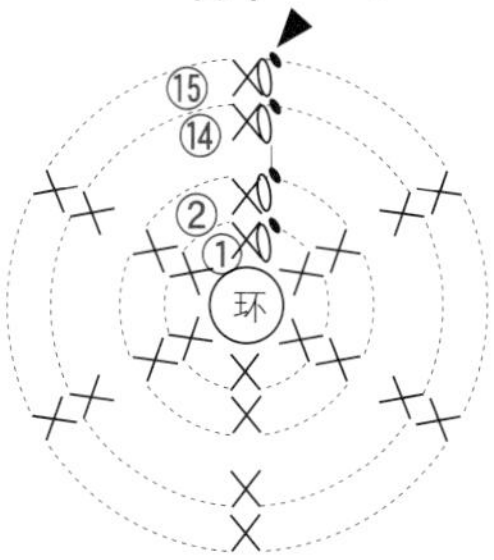

树干的针数表

行数	针数
1～15	6

※配色表

行	
14、15	472
11～13	470
8～10	937
1～7	934

49～54的配色表

	49	50	51	52	53	54
树冠	4200	368	890	469	※	321
树干	435	437	435	435	3031	890

整理方法

49 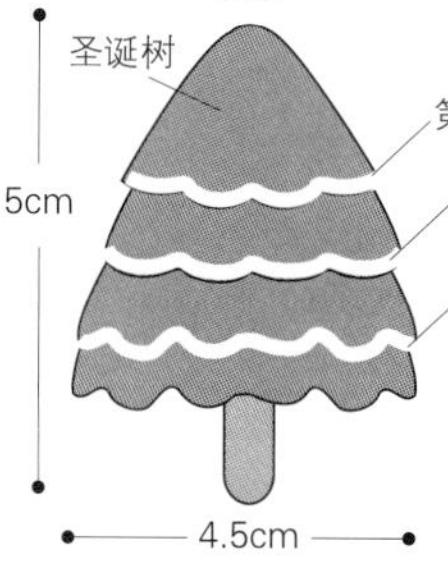
圣诞树
第6行
第9行
第12行
5cm
4.5cm
※在第6、第9、第12行的饰边上
用（3865）线分别编织1行边缘
编织（参见下图）。 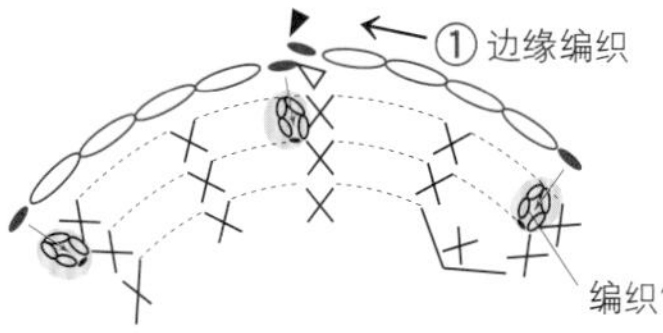
①边缘编织
编织饰边

51
圣诞树
缝上星形亮片

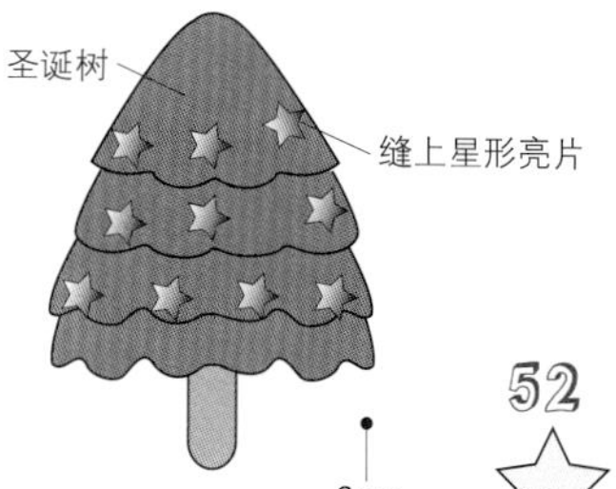

53
圣诞树

50 
圣诞树
缝上小花，并在中心缝上圆形小串珠

52
圣诞树
缝上星星
缝上果实

54 
圣诞树
缝上星星
饰带 3865
编织锁针（60针），缠绕在树冠上后缝合
6cm

圣诞树的组合方式 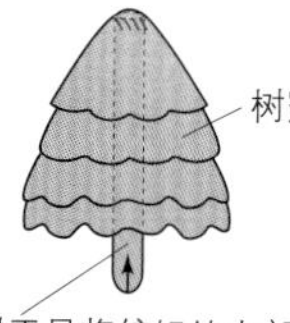
树冠
树干是将编织终点部分缝在树冠内侧编织起点的位置上

※上接 p11。

马甲　825

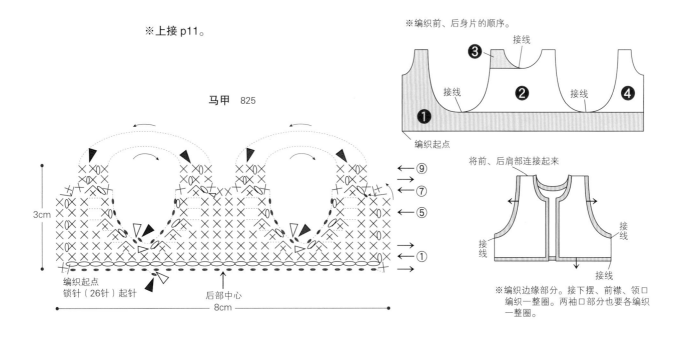

装饰领　3865

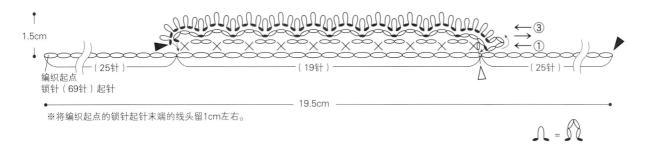

※将编织起点的锁针起针末端的线头留1cm左右。

围巾　304

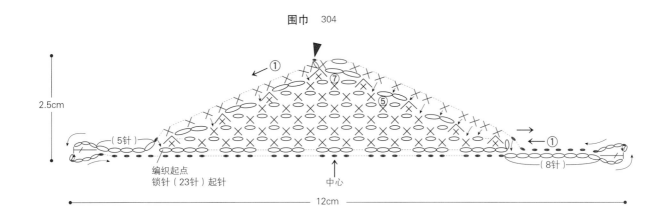

钩针编织基础

看符号图的方法

符号图都是以从正面所见来表示的，且全部使用日本工业规格（JIS）所规定的针法符号。钩针编织不分上针、下针（拉针除外），要交替看着正、反两面编织的平针其表示符号也一样。

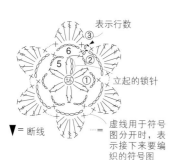

表示行数
立起的锁针
▼＝断线
虚线用于符号图分开时，表示接下来要编织的符号图

从中心开始环形编织时

在中心编织一个环（或者锁针环），要像画圆一样逐行编织。每行的起针处都是先编织立起的锁针，再往下编织。一般都是看着织片的正面，而对照符号图从右往左编织。

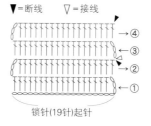

▼＝断线　▽＝接线
锁针（19针）起针

平针编织时

其特点是左右轮流编织立起的锁针。当在右侧编织立起的锁针时，要看着织片的正面，对照符号图从右往左编织。当在左侧编织立起的锁针时，要看着织片的反面，对照符号图从左往右编织。左图为从第3行换成配色线的符号图。

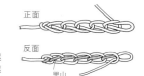

正面
反面
里山

看锁针的方法

锁针有正、反面之分。反面正中的一根渡线称为锁针的"里山"。

手握针线的方法

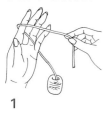

1 从左手的小指与无名指之间穿过线后，挂在食指上拉住线头。

2 用拇指与中指捏住线头，竖起食指将线架起。

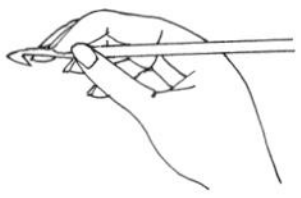

3 用右手的拇指与食指握针，针头轻抵中指。

起基本针的方法

1 从线的内侧插入钩针，按照箭头所示方向转动针头。

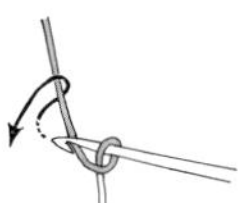

2 再将线挂在针头上。

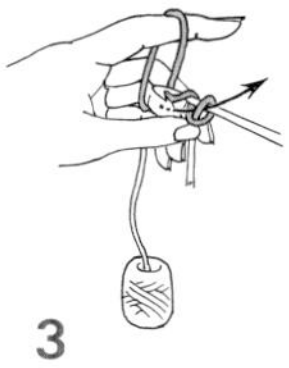

3 将挂线从钩针上的线圈中引出。

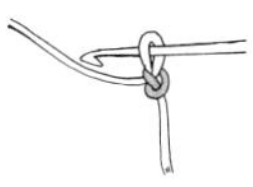

4 拉动线头，收紧线圈，就完成了基本针（这一针不计入针数）。

起针

从中心开始环形编织时（用线头做圆环）

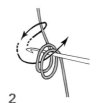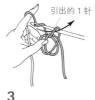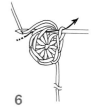

引出的1针

1 将线在左手的食指绕2圈形成环。

2 将环从手指上脱出，在环中心插入钩针，挂线后引出。

3 再次挂线后引出，编织1针立起的锁针。

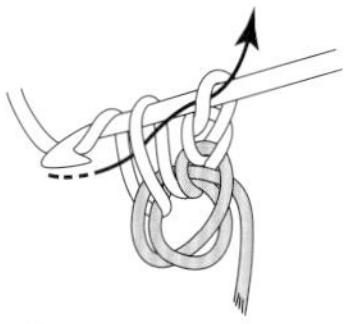

4 编织第1行时，在环中心插入钩针，挂线后引出，然后编织所需针数的短针。

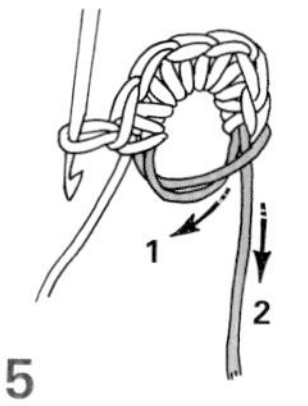

5 暂时将针抽出，拉动最开始的线环的线（1）和线头（2），将环拉紧。

6 第1行要完成时，在最开始的短针的头针处入针，挂线后引出。

从中心开始环形编织时（用锁针做圆环）

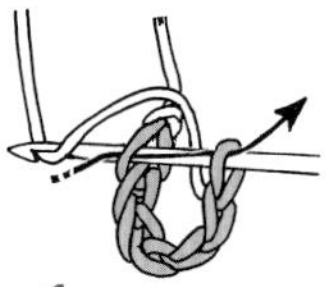

6

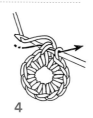

1 按所需针数编织锁针，在最开始的锁针的半针处入针，挂线后引出，形成圆环。

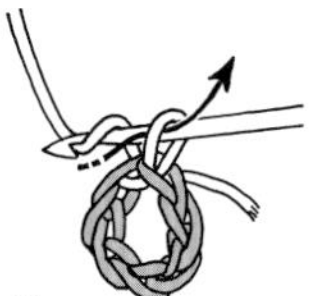

2 再次在钩针上挂线后引出，编织立起的锁针。

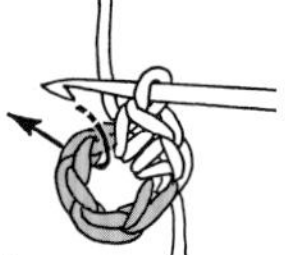

3 编织第1行时，将钩针插入圆环中，将锁针成束挑起，编织所需针数的短针。

4 第1行要完成时，在最开始的短针的头针处入针，挂线后拔出即可。

平针编织时

立起的1针锁针

1 编织所需针数的锁针和立起的锁针，如图从一端的第2针锁针处入针，挂线后引出。

2 在钩针上挂线，按箭头所示方向引拔出线。

3 第1行完成的状态（立起的1针锁针不计入针数）。

挑前一行针目的方法

即使是同一种枣形针,符号图不同,挑针的方法也会不同。如果符号图下方是闭合的,则要织入前一行的1个针目里;如果符号图下方是开放的,则要将前一行的锁针成束挑起再编织。

织入1个针目里

将锁针成束挑起再编织

编织符号

锁针

1 编织基本针后,在钩针上挂线。

2 引出挂线,完成1针锁针。

3 重复步骤1和步骤2,继续编织。

4 完成5针锁针。

引拔针

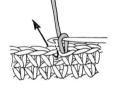

1 从前一行的针目中入针。

2 在钩针上挂线。

3 将线一次性引拔出。

4 完成1针引拔针。

短针

1 从前一行的针目中入针。

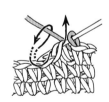

2 在针上挂线,按照箭头所示从线圈中引拔出线。

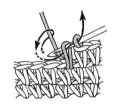

3 再次在针上挂线,从钩针上2个线圈中一起引拔出线。

4 完成1针短针。

中长针

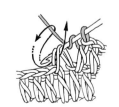

1 先在钩针上挂线,再从前一行的针目中入针。

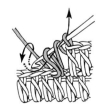

2 再次在针上挂线后引出(称为未完成的中长针)。

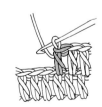

3 再次挂线,从钩针上3个线圈中一起引拔出线。

4 完成1针中长针。

长针

1 先在钩针上挂线，然后从前一行的针目中入针，再次挂线后引出。

2 按照箭头所示在针上挂线后，仅从钩针上2个线圈中引拔出线（称为未完成的长针）。

3 再次在针上挂线后，从钩针上剩余的2个线圈中按照箭头所示引拔出线。

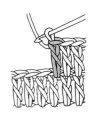

4 完成1针长针。

长长针　　**3卷长针**

＊括号内表示编织3卷长针时的情况。

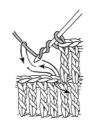

1 在钩针上绕线2圈（3圈），从前一行的针目中入针，挂线后引出。

2 按箭头所示在针上挂线后，仅从钩针上2个线圈中引拔出线。

3 步骤2重复2次（3次）。

4 完成1针长长针。

短针2针并1针

1 按照箭头所示从前一行的1针中入针，在针上挂线后引出。

2 下一针也按照相同方法挂线后引出。

3 在针上挂线，从钩针上3个线圈中一起引拔出线。

4 短针2针并1针完成。图为比前一行少1针的状态。

短针1针放2针

1 编织1针短针。

2 在同一针目中再次入针，挂线后引出。

3 在针上挂线，从钩针上2个线圈中一起引拔出线。

4 在前一行的1针里织入了2针短针。图为比前一行多1针的状态。

短针1针放3针

1 编织1针短针。

2 在同一针目中再次入针，挂线后引出，编织短针。

3 在同一针目里再编织1针短针。

4 在前一行的1针里织入了3针短针。图为比前一行多2针的状态。

锁针3针的狗牙拉针

1 编织 3 针锁针。

2 在短针头针的半针和尾针 1 根线中入针。

3 在针上挂线，按照箭头所示一次性引拔出线。

4 完成锁针 3 针的狗牙拉针。

长针2针并1针

1 在前一行的 1 针里编织 1 针未完成的长针，挂线后按照箭头所示在下一个针目中入针，再次挂线后引出。

2 在针上挂线，仅从钩针上 2 个线圈中引拔出线，编织第 2 针未完成的长针。

3 在针上挂线，按照箭头所示从钩针上 3 个线圈中一起引拔出线。

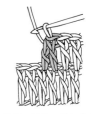

4 长针 2 针并 1 针完成。图为比前一行少 1 针的状态。

长针1针放2针

1 在前一行的针目里编织 1 针长针，挂线后将钩针插入同一针目中，再次挂线后引出。

2 在针上挂线，从钩针上 2 个线圈中引拔出线。

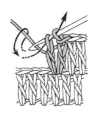

3 再次在针上挂线，从钩针上剩余的 2 个线圈中引拔出线。

4 在 1 针里织入了 2 针长针，图为比前一行多 1 针的状态。

长针3针的枣形针

1 在前一行的针目里编织 1 针未完成的长针。

2 在同一针目中入针，继续编织 2 针未完成的长针。

3 在针上挂线，从钩针上 4 个线圈中一起引拔出线。

4 完成长针 3 针的枣形针。

长针5针的爆米花针

1 在前一行的同一个针目里编织 5 针长针，暂时脱针，再按照箭头所示重新入针。

2 按照箭头所示将线圈直接引拔穿出。

3 再编织 1 针锁针，引拔拉紧线。

4 完成长针 5 针的爆米花针。

×

短针的条纹针

1 看着每行的正面编织。按照箭头所示方向绕转一圈后编织短针,从钩针上最开始的针目中引拔出。

2 编织1针立起的锁针,将前一行外侧的半针挑起,编织短针。

3 重复步骤2,继续编织短针。

4 前一行剩下的内侧的半针连在一起形成了条纹的样子。图为编织第3行短针的条纹针的状态。

反短针

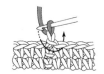   

1 编织1针立起的锁针,接着按照箭头所示将针从内侧绕一圈再插入右边针目。

2 从线的上方将线挂在针上,按照箭头所示方向将线向内侧引出。

3 在针上挂线,从钩针中2个线圈一起引拔出线。

4 重复步骤1～3编织到最后,一端脱针。在编织起点处按照箭头所示方向从反面入针,将针向反面引出。最后在反面处理线头。

条纹花样的编织方法（环形编织时在一行最后换线的方法）

1 将要完成一行最后的短针时,将搁置的线(a色)向内侧挂针,再在下一行用编织的线(b色)引拔出。

2 引拔完成的状态。a色线在反面暂时搁置,在第1针短针的头针处入针,用b色线引拔形成一个线圈。

3 线圈形成的状态。

4 接着编织1针立起的锁针,再编织短针。

编入花样的编织方法（横着渡线进行编裹的方法）

 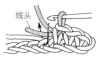 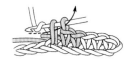

1 在换线前的短针要引拔完成时,用配色线(b色)进行引拔。

2 引拔完成的状态。接着用b色线编织,要将底色线(a色)与b色线的线头编裹住。因为线头已经被编裹进去,因此不需要再做处理。

3 在换成a色线前的短针要引拔完成时,用编裹的a色线进行引拔即可。

其他基础索引